용융탄산염형 연료전지 발전설비(미국 FCE사제 DFC300)

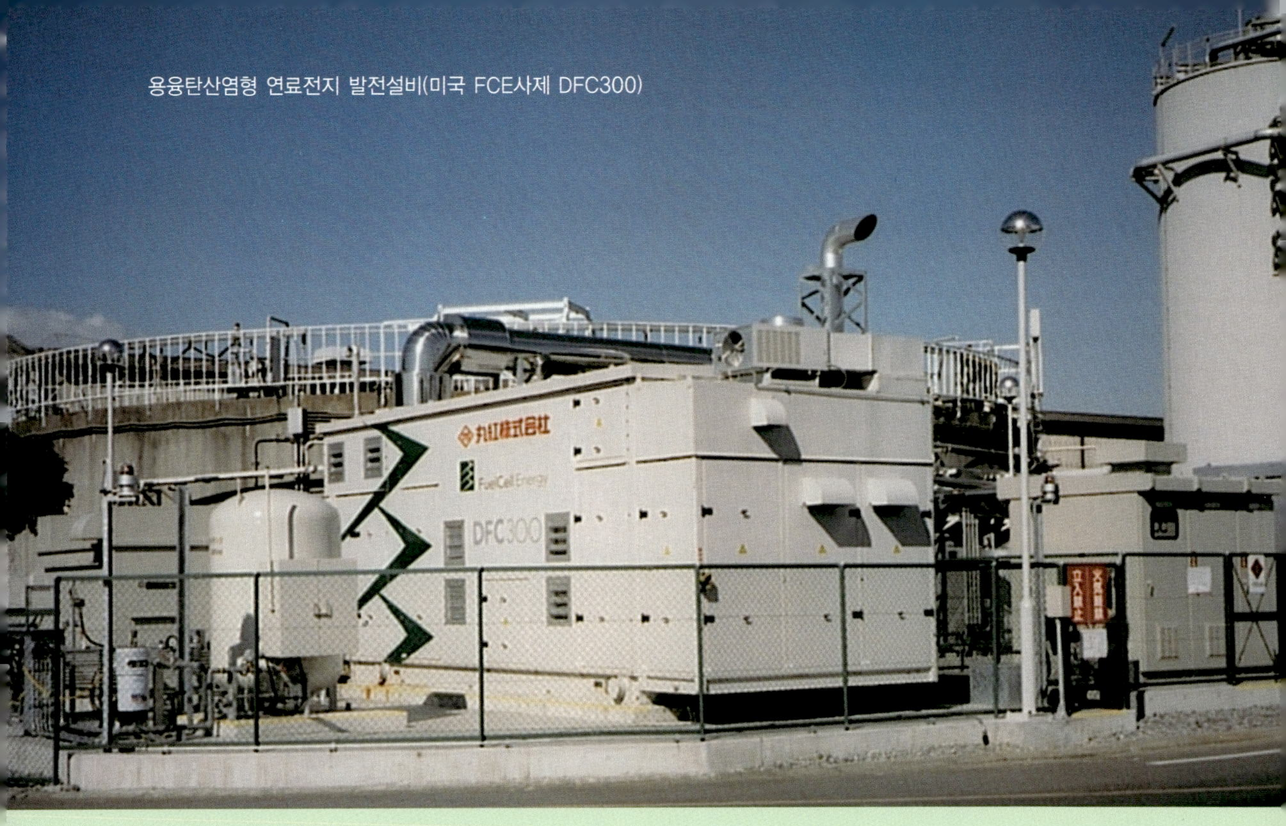

연료전지 발전설비의 예

[플랜트의 사양]

발전출력(송전단) 250kW(AC)
발전효율(송전단) 47%(LHV)
크기 : 폭 3.3m, 길이 8.6m, 높이 3.2m
소음 : 65dB(A)(기계측 3m)
배기 : NO_x 0.3ppmv, SO_x 0.01ppmv, CO 10ppmv

[흐름도]

이 연료전지 발전설비는 빌딩의 제조과정에서 발생하는 배수를 혐기성 발효시켰을 때 얻어지는 메탄가스를 연료로 하고 있다. 소화가스는 식물이 이산화탄소와 물에서 광합성으로 만든 유기물을 이용한 재생에너지이므로 실질적으로는 이산화탄소의 배출이 없다.

연료전지 발전설비는 이 소화가스 외에 공기와 물을 공급하면 전기가 발생하므로 친환경적인 발전설비이다. 배기가 가진 열을 이용하여 수증기를 발생하는 것도 가능하므로 에너지의 유효 이용 면에서도 우수하다.

(설치장소 : Kirin Beer 착수공장)

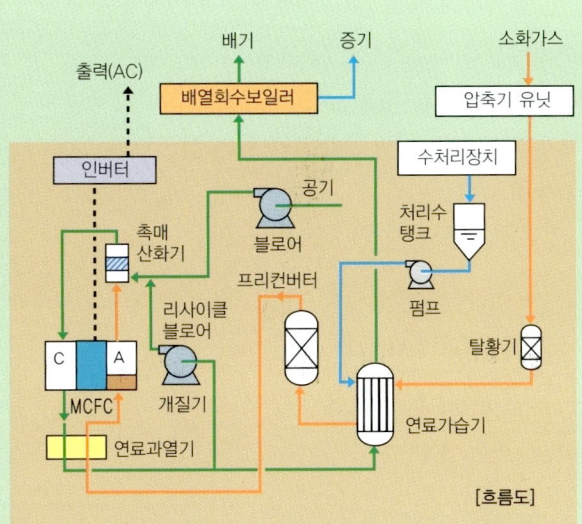

연료전지 발전시스템의 이론적 배경

1. 이론발전효율

(1) **연료전지발전** : 화학에너지가 전기에너지로 직접 변환

(2) **발전반응** : 전체 반응(모든 연료전지에 공통) $H_2 + \frac{1}{2}O_2 = H_2O$

　　　　　　수소와 산소는 이온과 전자를 통해 간접적으로 반응한다(전기화학반응).

(3) **이론발전효율** : $\eta_g = \dfrac{-\Delta G}{-\Delta H}$: 깁스(Gibbs)의 자유에너지만큼 전기로 변환 가능

$$\Delta H_T = -57093.6 - 2.2945T - 4.4925 \times 10^{-4}T^2 + 8.064 \times 10^{-7}T^3$$
$$\quad - 2.01863 \times 10^{-10}T^4 \, [\text{kcal/kg-mol}]$$

$$\Delta G = -57093.6 - 4.9287T + 2.2945T \times \ln(T) + 4.4925 \times 10^{-4}T^2$$
$$\quad - 4.032 \times 10^{-7}T^3 + 6.7288 \times 10^{-11}T^4 \, [\text{kcal/kg-mol}]$$

(4) **이론전압** : 깁스(Gibbs)의 자유에너지가 모두 전기로 변환했을 때의 전압

$$\left(-\Delta G = I \times V \rightarrow V = \frac{-\Delta G}{I} \right)$$

$V_0 = \dfrac{-\Delta G}{(4.60984 \times 10^4)}$: 자유에너지를 kcal/kg-mol로 나타냈을 경우

$$\left(V_0 = \frac{-\Delta G \times 1,000}{860I} = \frac{-\Delta G}{\left(\dfrac{860I}{1,000}\right)} : \text{kcal를 Wh로 환산} \right)$$

$V_0 = \dfrac{-\Delta G}{nF}$: 자유에너지를 J/mol 또는 kJ/kg-mol로 나타냈을 경우

　　여기서, n : 전자의 수(2), F : 패러데이상수(아보가드로수/쿨롱)

　　$(F = 9.64853 \times 10^4 \, [\text{C/mol}] = 9.64853 \times 10^7 [\text{C/kg-mol}])$

(5) **전류의 산출** : 수소분자 1개에 전자 2개가 방출된다(발전반응의 원리 참조).

① 아보가드로수 : 6.02214×10^{26}/kg-mol

② 쿨롱 : 1암페어의 전류에 의해 1초간 운반되는 전기량(6.2415×10^{18})

　(1C = 1As)

③ 전류 : $I = \dfrac{6.02214 \times 10^{26} \times 2}{6.2415 \times 10^{18} \times 3,600} = 5.3603 \times 10^4 [\text{Ah/kg-mol}]$

　　(이론전압 계산식의 계수 : $\dfrac{I \times 860}{1,000} = \dfrac{5.3603 \times 10^4 \times 860}{1,000} = 4.60984 \times 10^4$)

2. 실제발전효율

(1) 발전단효율 : 메탄을 개질하여 연료전지의 애노드(anode)에 공급하는 경우를 상정

$$\eta_g = \frac{\Delta G_{H2} \times 4}{\Delta H_{CH4}} \times \eta_{ref} \times U_f \times \frac{V}{V_0} \times \eta_{inv} \quad ([그림 1] 참조)$$

여기서, ΔH_{CH4} : 메탄의 반응열 : 공급하는 온도에서의 반응열

$\qquad$: $-191{,}759\text{kcal/kg-mol(LHV, 25℃)}$

$\qquad \Delta G_{H2}$: 수소의 운전온도에서의 자유에너지([표 1] 참조)

$\qquad V_0$: 이론전압([표 1] 참조), V : 운전전압,

$\qquad U_f$: 연료이용률(**예** : 0.65~0.85), η_{ref} : 개질률(**예** : 0.9~1.0),

$\qquad \eta_{inv}$: 인버터 효율(**예** : 0.9~0.95)

(2) 운전전압 : 전류-전압 특성([그림 2] 참조)(PEFC의 예)

$$V = V_0 + \text{Nernst Loss} - (R_{IR} + R_C + R_A) \times I$$

여기서, Nernst Loss : 수소, 산소 등의 분압 저하에 따른 손실

$\qquad R_{IR}$: 내부저항, R_C : 캐소드 반응저항, R_A : 애노드 반응저항

$\qquad$ **예** : PEFC : 0.6~0.7V, MCFC : 0.65~0.8V

[그림 1] 연료전지 발전시스템의 발전단효율

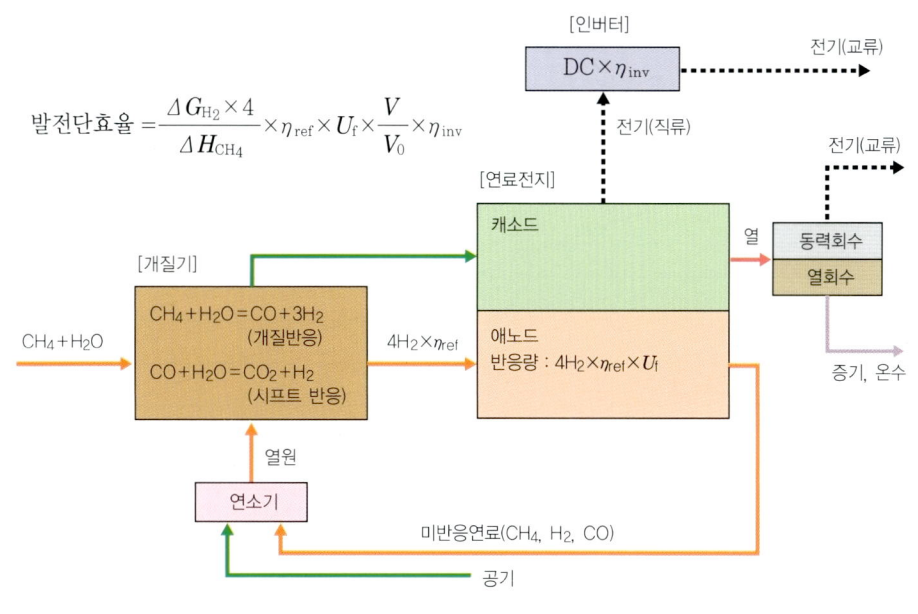

[표 1] 반응열, 자유에너지, 이론전압

온도 [℃]	반응열 [kcal/kg-mol]	자유에너지 [kcal/kg-mol]	이론전압 [V]	비고
25	−57,797.9	−54,635.6	1.1852	−
60	−57,880.5	−54,259.7	1.1770	(PEFC)
70	−57,904.1	−54,150.6	1.1747	(PEFC)
200	−58,204.5	−52,677.5	1.1427	(PAFC)
650	−59,106.8	−47,066.6	1.0210	(MCFC)
700	−59,189.8	−46,412.3	1.0068	(LT SOFC)
800	−59,344.4	−45,091.4	0.9782	(LT SOFC)
1,000	−59,609.3	−42,411.0	0.9200	(SOFC)

[그림 2] 전류–전압 특성

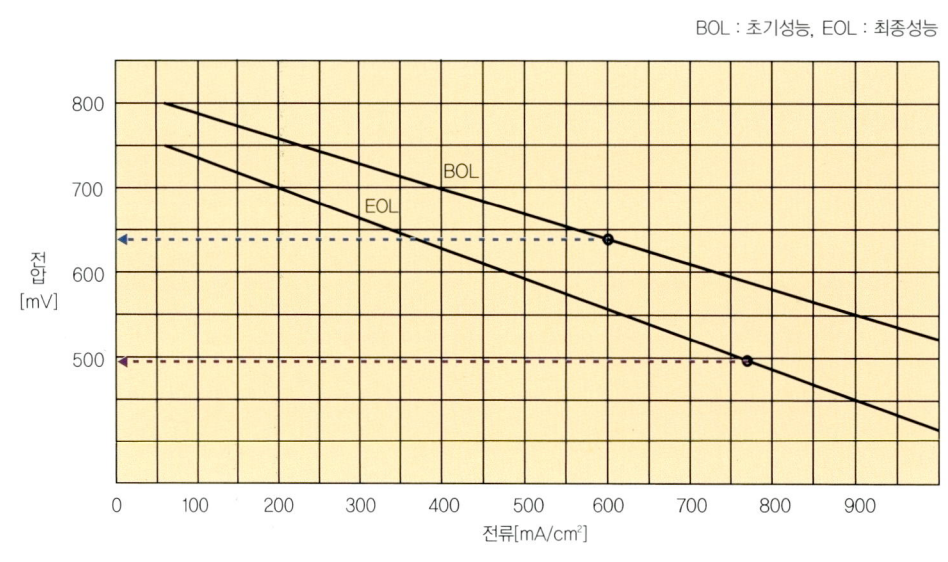

BOL : 초기성능, EOL : 최종성능

발전반응의 원리

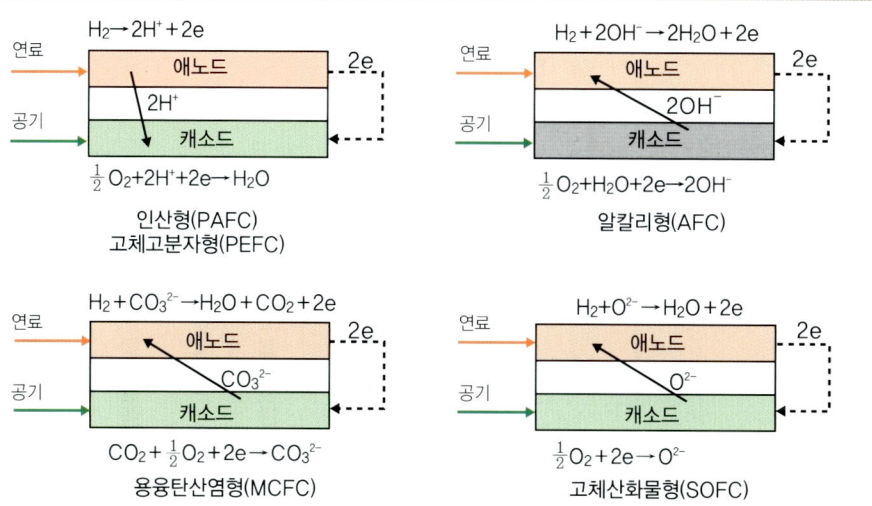

$H_2 \rightarrow 2H^+ + 2e$

연료
애노드
2e
공기
$2H^+$
캐소드

$\frac{1}{2} O_2 + 2H^+ + 2e \rightarrow H_2O$

인산형(PAFC)
고체고분자형(PEFC)

$H_2 + 2OH^- \rightarrow 2H_2O + 2e$

연료
애노드
2e
공기
$2OH^-$
캐소드

$\frac{1}{2} O_2 + H_2O + 2e \rightarrow 2OH^-$

알칼리형(AFC)

$H_2 + CO_3^{2-} \rightarrow H_2O + CO_2 + 2e$

연료
애노드
2e
공기
CO_3^{2-}
캐소드

$CO_2 + \frac{1}{2} O_2 + 2e \rightarrow CO_3^{2-}$

용융탄산염형(MCFC)

$H_2 + O^{2-} \rightarrow H_2O + 2e$

연료
애노드
2e
공기
O^{2-}
캐소드

$\frac{1}{2} O_2 + 2e \rightarrow O^{2-}$

고체산화물형(SOFC)

연료전지 발전시스템의 기본구성

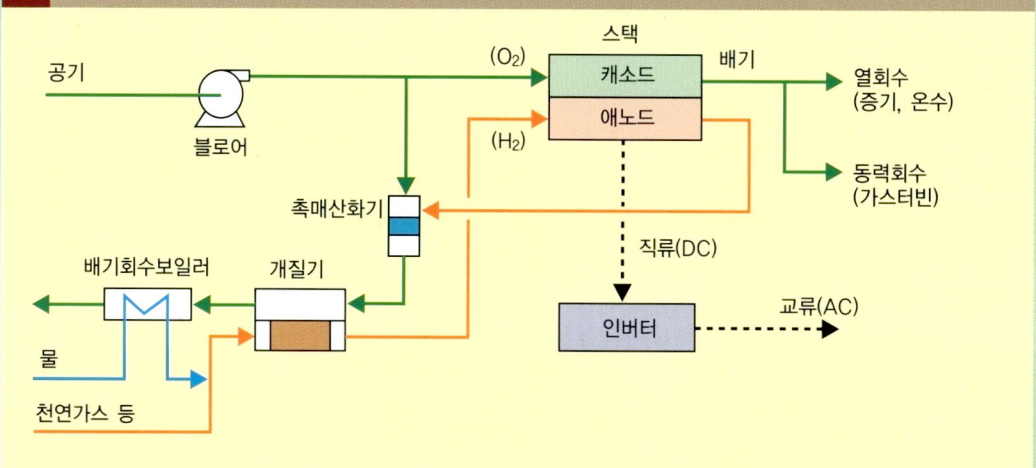

공기
블로어
(O_2)
스택
캐소드
배기
열회수
(증기, 온수)
애노드
(H_2)
동력회수
(가스터빈)
촉매산화기
직류(DC)
배기회수보일러
개질기
인버터
교류(AC)
물
천연가스 등

수소 제조 프로세스

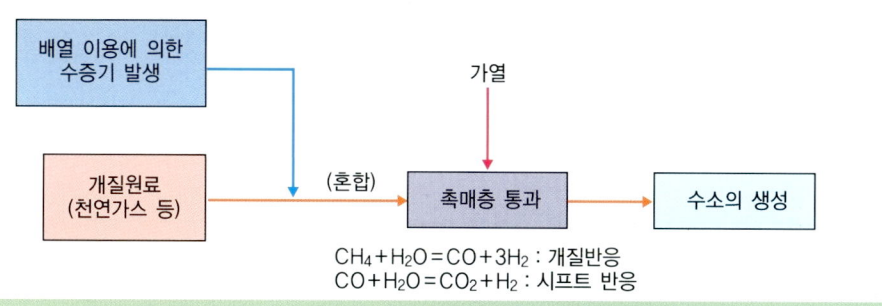

배열 이용에 의한
수증기 발생
가열
개질원료
(천연가스 등)
(혼합)
촉매층 통과
수소의 생성

$CH_4 + H_2O = CO + 3H_2$: 개질반응
$CO + H_2O = CO_2 + H_2$: 시프트 반응

PEFC의 셀 구성요소

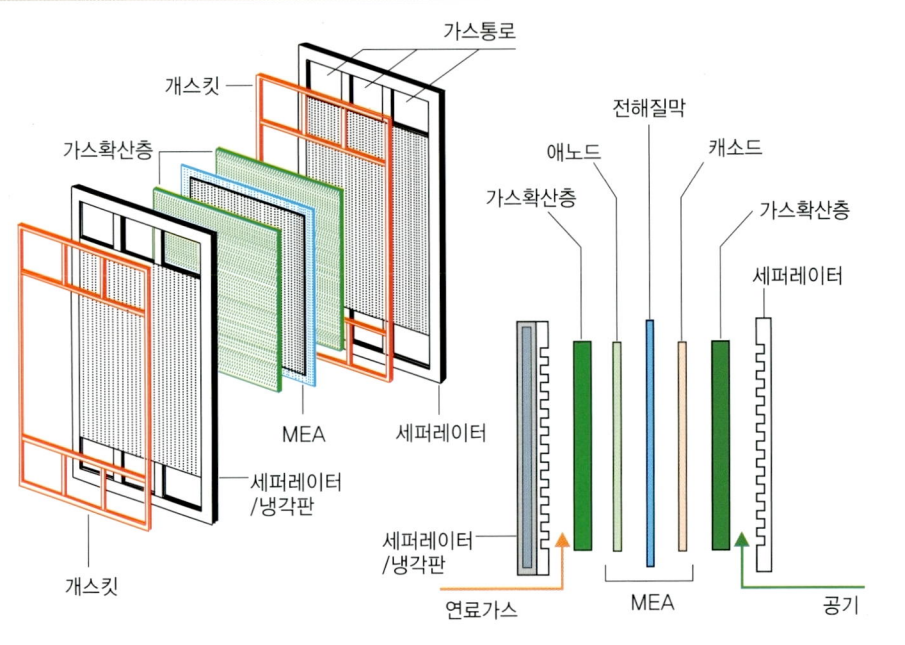

외부개질

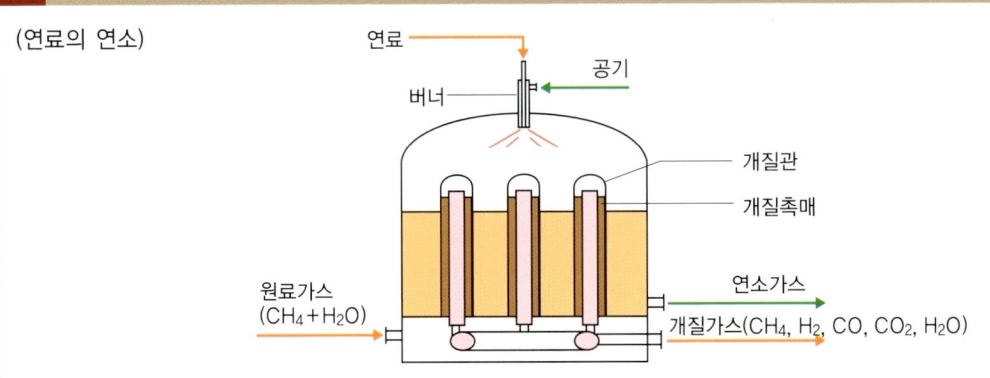

현열개질

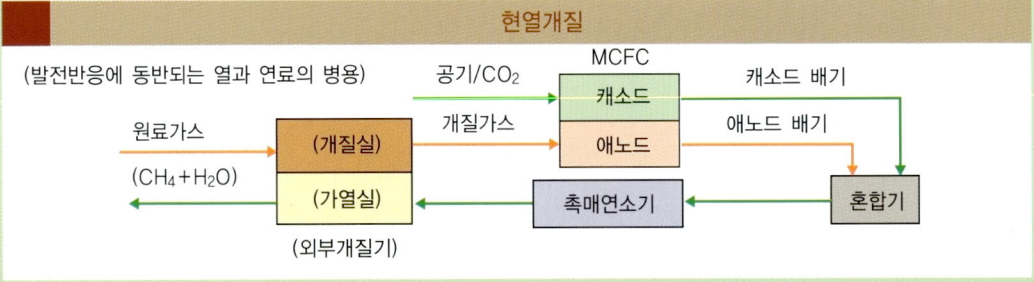

MCFC의 셀 구성요소

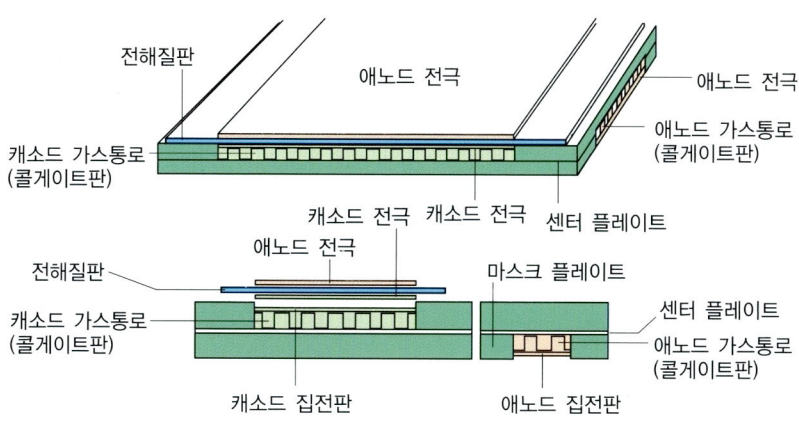

스택 구조도

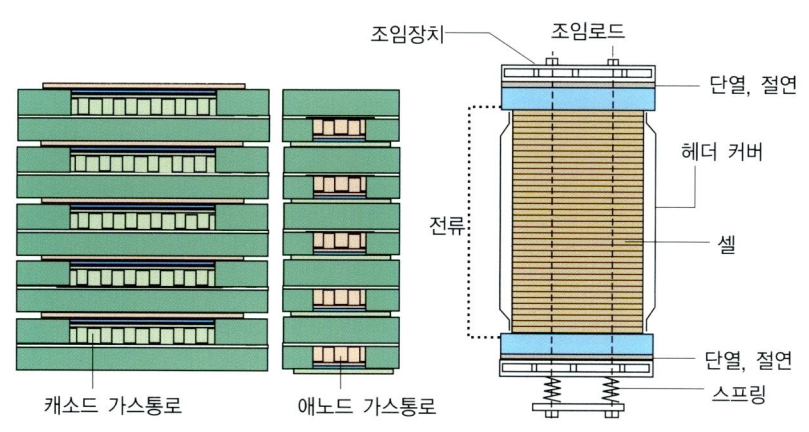

내부개질

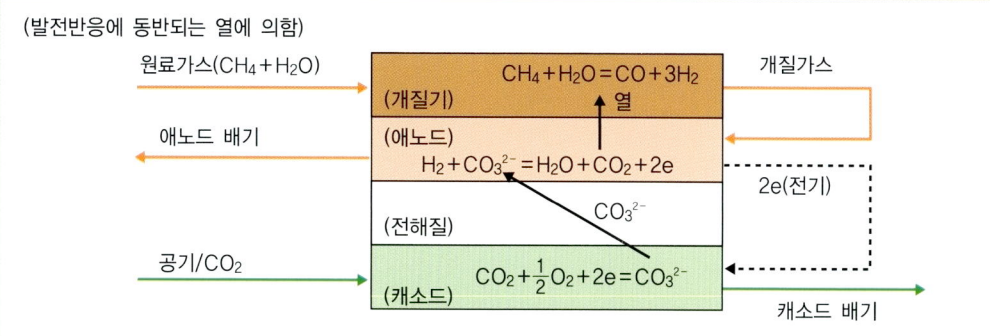

연료전지
발전시스템과 열 계산

FCDIC 혼마 타쿠야(本間 琢也) 감수
우에마츠 히로요시(上松 宏吉) 지음
남기석, 김필 번역

BM 성안당

日本 옴사 · 성안당 공동 출간

연료전지
발전시스템과 열 계산

Original Japanese edition
Nenryou Denchi Hatsuden System to Netsu–Keisan
Supervised by Takuya Honma
By Hiroyoshi Uematsu
Copyright © 2004 by Hiroyoshi Uematsu
Published by Ohmsha, Ltd.

This Korean Language edition is co–published by Ohmsha, Ltd. and SEONG AN DANG
Publishing Co.
Copyright © 2014
All rights reserved.

저자 서문

   이 책은 연료전지 발전시스템의 구성과 특히 열·물질수지의 계산에 대해 자세히 해설한 실무서입니다. 그러므로 연료전지에 대해 기초적인 입문수준의 지식이 있다는 것을 전제로 하고 있으며 연료전지 발전시스템의 설계와 운전보수를 담당하고 있는 전문가들, 기업이나 각종 연구기관에서 새롭게 연료전지를 담당하고 앞으로 공부하려는 기술자들을 주 대상으로 하고 있습니다. 또한 장래에 연료전지의 설계와 개발을 해보고 싶은 기술계 대학의 학생들, 대학원생들도 쉽게 이해할 수 있도록 이론면의 기술에도 힘썼습니다.

   여기서 소개하는 열·물질수지의 계산은 계산 자체도 중요하지만 시스템의 각 구성기기의 기능과 역할을 이해하는 데 매우 유용합니다. 연료전지 발전시스템의 기본설계를 담당하는 분은 열·물질수지를 계산함으로써 스택을 포함한 각 기기와 제어의 기본사양을 결정하고 보다 우수한 시스템과 경제설계를 할 수 있습니다. 최근의 연료전지 발전설비는 완전히 자동화되어 있어 장치 내에서 일어나는 현상 자체를 모르더라도 운전할 수 있도록 되어 있지만, 실제로 운전자는 발생하는 문제의 원인과 대책을 알아야 하므로 장치 내부의 상황을 확실히 파악해 둘 필요가 있습니다. 이러한 관점에서도 열·물질수지 계산을 공부하는 것은 매우 유용합니다.

   이 책에서는 누구나 계산할 수 있도록 이론적인 해설을 하였습니다. 동시에 식과 데이터를 많이 넣어 구체적이면서도 간단히 계산할 수 있도록 하였습니다. 또한 컴퓨터에 의한 계산 프로그램의 예도 자세히 소개하였으므로 이것을 다시 발전시켜 여러 가지 사례를 계산할 수 있게 되면 실용적인 가치가 클 것입니다.

   필자 자신은 용융탄산염형 연료전지(MCFC : Molten Carbonate Fuel Cell)의 개발에 오랫동안 종사해 왔지만 시스템이라는 관점에서 보면 어떤 형태의 연료전지도 원리적으로는 공통성이 있으므로 이 책은 대부분의 연료전지 기술관계자들에게 도움이 될 것입니다. 특히 최근에는 고체고분자형 연료전지(PEFC : Polymer Electrolyte Fuel Cell)가 주목받고 있으므로 가능한 한 PEFC 발전시스템을 이해할 수 있도록 기술하였습니다.

   이 책이 연료전지 발전시스템에 종사하는 기술자들과 연구 개발자들의 옆에 놓여, 앞으로 연료전지 발전설비의 보급과 발전을 위해 조금이라도 공헌한다면 이보다 더 큰 기쁨은 없을 것입니다.

   마지막으로 감수를 맡으신 연료전지 개발정보센터 상임이사 혼마 타쿠야 선생님(츠쿠바 대학 명예교수)께 진심으로 감사를 드립니다.

上松 宏吉 (우에마츠 히로요시)

역자 머리말

수소는 지구상에 풍부하게 존재하는 물에서부터 제조할 수 있으며, 사용되면 다시 물만을 생성하는 가장 이상적인 에너지원이며 인류가 생존하는 한 공급되는 청정에너지원으로 사람들의 관심을 끄는 것이 사실입니다. 이러한 이유에서 수소를 원료로 사용하는 연료전지의 산업화를 위한 노력이 과거 수년간 다양한 부분에서 이루어져 왔습니다. 그러나 연료전지가 시장경쟁력을 확보하기 위해서는 가격인하의 근본요소인 부품소재의 개발과 함께 효율적인 시스템 연계기술의 개발이 절실히 요구되고 있습니다.

이 책은 연료전지 발전시스템의 효율적인 구성과 이를 위한 열·물질수지의 계산방법을 기초에서 실무까지 자세히 해설한 실무 지침서입니다. 따라서 연료전지에 대한 재료 및 소재부품에 대한 기초적인 지식을 습득하고 현장에서 연료전지 발전시스템의 설계와 운전보수를 담당하는 전문가가 되려고 하는 공과대학의 학생들, 대학원생들이 쉽게 이해할 수 있도록 구성되어 있습니다.

이 책의 구성을 보면 제1장에서 연료전지 시스템을 이해할 수 있도록 연료전지의 기본원리와, 셀과 스택의 구성 및 시스템의 구성과 기능을 소개하고 있습니다. 제2장에서는 연료전지 시스템을 이루고 있는 구성요소들의 열 및 물질전달 기본 계산법을 쉽게 설명하고 있습니다. 열·물질수지 계산은 계산 자체도 중요하지만 시스템의 각 구성요소의 기능과 역할을 이해하는 데 매우 유용합니다. 제3장에서는 열 및 물질수지 계산 프로그램을 간단한 엑셀을 이용하여 작성하는 방법을 제공하고 있습니다. 제4장에서는 연료전지 발전효율을 향상할 수 있는 시스템의 최적화 방법을 제시하고 있습니다.

각 장에서 설명하고 있는 내용은 연료전지 발전시스템의 기본설계를 담당하는 사람이 열·물질수지를 용이하게 계산함으로써 스택을 포함한 각 기기와 제어의 기본사양을 결정하고 보다 우수한 연료전지 시스템과 경제적인 설계를 할 수 있도록 도움을 줄 것입니다.

이에 이 책이 연료전지 발전사에 종사하는 기술자들과 연구 개발자들에게 유용하게 사용되어 국내 연료전지 발전설비의 보급과 발전에 조금이라도 도움이 된다면 이보다 더 큰 기쁨은 없을 것입니다.

끝으로 이 책이 한국어판으로 세상에 나올 수 있도록 도와주신 많은 분들의 수고에 심심한 감사를 드립니다. 원고의 편집 및 정리하는 데 많은 도움을 준 전북대학교 화학공학부 표면반응공학실험실 황윤주 박사, 박인호, 장호생, 전정숙, 최인형, 그 밖의 대학원생들에게 감사를 드립니다. 또한 이 책이 한국어판으로 출판되는 데 어려운 여건에서도 시종 돌봐주신 성안당 출판사 이종춘 회장님께 심심한 감사를 드립니다.

전북대학교 화학공학부 교수 남 기 석

차례

[컬러 그림] 설비 사례, 이론적 배경, 각종 데이터 외

▣ 제3장 계산 프로그램

▣ 제4장 발전효율에서 본 시스템의 최적화

제1장

연료전지 발전시스템

$$H_2 \rightarrow 2H^+ + 2e$$

$$\frac{1}{2}O_2 + 2H^+ + 2e \rightarrow H_2O$$

1 연료전지란?

1.1 발전원리

[그림 1.1]에 각종 연료전지의 발전반응의 원리도를 나타냈다.

물을 전기분해하면 한쪽 전극에 수소가, 다른 쪽 전극에 산소가 발생한다는 것은 잘 알려진 사실인데, 연료전지의 발전원리는 완전히 이 반대다. 두 전극에 수소와 산소를 흘려 보내면 반응하여 물을 생성하는데 이 과정에서 전기가 발생하는 것이다.

최근 주목받고 있는 고체고분자형 연료전지(PEFC 또는 PEMFC)는 인산형 연료전지(PAFC)와 완전히 똑같은 반응을 한다. 애노드(anode)에 공급된 수소(H_2)가 전자(2e)를 방출하여 프로톤($2H^+$)이 되고 전해질 안을 이동하여 캐소드(cathode)로 간다. 방출된 전자는 외부회로를 통해 캐소드로 가고, 캐소드에서는 프로톤($2H^+$)과 전자(2e)와 산소($\frac{1}{2}O_2$)가 반응하여 물(H_2O)을 생성한다.

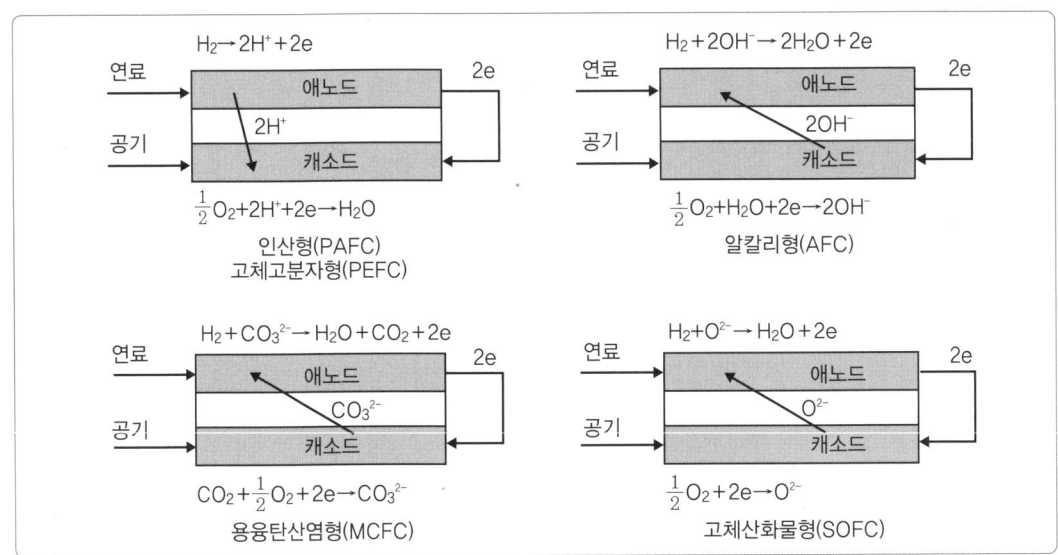

[그림 1.1] 연료전지의 발전반응 원리도

이온과 전자가 왜 따로따로 캐소드로 이동하는가 하면 이온은 전해질 안에서만 이동할 수 있고, 전자는 전자도전체 안으로만 통과할 수 있기 때문이다. 이것이 연료전지의 포인트이다.

연료전지의 경우 전해질은 절연체이므로 전자는 통과할 수 없다. 반면, 전극이나 외부회로는 전자도전성을 가진 재료가 사용되고 있다.

하나의 셀은 전극(애노드, 캐소드), 전해질판, 세퍼레이터 등으로 구성되는데 이러한 재료의 예를 [표 1.1]에 나타냈다.

[표 1.1] 연료전지의 종류와 특징

작동온도에 따른 분류		저온형		고온형	
형식		인산형	고체고분자형	용융탄산염형	고체산화물형
약칭		PAFC	PEFC	MCFC	SOFC
전해질		H_3PO_4	이온교환막	$Li_2CO_3 - K_2CO_3$ $Li_2CO_3 - Na_2CO_3$	$ZrO_2 - Y_2O_3$ 등
이온의 종류		H^+	H^+	CO_3^{2-}	O^{2-}
운전온도		190~220℃	60~120℃	600~700℃	~1,000℃
냉각방식		수냉	수냉	가스냉각/개질냉각	가스냉각/개질냉각
전해질의 형태		매트릭스에 함침	박막상	매트릭스에 함침	박막상
전해질판의 재질		SiC	−	$LiAlO_2$	박막상
애노드의 재질		C	C	Ni	Ni−YSZ 등
애노드의 촉매		Pt	Pt−Ru	−	−
캐소드의 재질		C	C	NiO	$LaSrMnO_3$ 등
캐소드의 촉매		Pt	Pt	−	−
촉매		백금계	백금계	불필요	불필요
전극반응	애노드 (연료극)	$H_2=2H^+ +2e$	$H_2=2H^+ +2e$	$H_2+CO_3^{2-}=H_2O+CO_2+2e$	$H_2+O_2^{-}=H_2O+2e$
	캐소드 (공기극)	$\frac{1}{2}O_2+2H^+ +2e=H_2O$	$\frac{1}{2}O_2+2H^+ +2e=H_2O$	$\frac{1}{2}O_2+CO_2+2e=CO_3^{2-}$	$\frac{1}{2}O_2+2e=O^{2-}$
연료의 제한		CO가 촉매피독	CO가 촉매피독	CO도 연료로서 사용 가능 (내부개질 가능)	CO도 연료로서 사용 가능 (내부개질 가능)
산화제의 제한		공기의 사용이 가능	공기의 사용이 가능	공기에 CO_2의 첨가 필요	공기의 사용이 가능
발전효율(LHV)		35~45%	30~40%	45~60%	45~60%
용도		업무용 소형 산업용	자동차용 가정용 이동식	업무용 산업용 발전용	업무용 산업용 발전용

[출처] 전기학회 연료전지 운전성 조사전문위원회 편 〈연료전지발전〉에서 일부 데이터를 인용

알칼리형 연료전지(AFC)의 경우는 캐소드에서 산소($\frac{1}{2}O_2$)와 물(H_2O)과 전자($2e$)가 반응하여 수소이온($2OH^-$)이 생성되고, 이것이 애노드로 이동하여 애노드에서 수소(H_2)와 수소이온($2OH^-$)이 반응하여 물($2H_2O$)을 생성하는데 이때 전자를 방출한다($H_2+2OH^-=2H_2O+2e$). 이 전자는 PEFC에서와 마찬가지로 외부회로를 통해 캐소드로 간다.

용융탄산염형 연료전지(MCFC)의 경우는 캐소드에서 이산화탄소(CO_2)와 산소($\frac{1}{2}O_2$)와 전자($2e$)가 반응하여 탄산이온(CO_3^{2-})을 생성하고, 이것이 애노드로 이동하여 애노드에서 수소(H_2)와 탄산이온(CO_3^{2-})이 반응하여 물(H_2O)과 이산화탄소(CO_2)를 생성하는데 이때 전자($2e$)를 방출한다. 이 전자는 다른 연료전지와 마찬가지로 외부회로를 통해 캐소드로 간다.

고체산화물형 연료전지(SOFC)의 경우는 캐소드에서 산소와 전자가 반응하여 산소이온을 생성하고($\frac{1}{2}O_2+2e=O^{2-}$), 이것이 애노드로 이동하여 애노드에서 수소(H_2)와 산소이온(O^{2-})이 반응하여 물을 생성한다($H_2+O^{2-}=H_2O+2e$). 이때 전자를 방출하고 이 전자는 외부회로를 통해 캐소드로 간다.

사용하는 전해질에 따라 생성되는 이온이나 흘러가는 방향은 다르지만 모든 연료전지에 공통되는 것은 애노드에 수소(H_2)를, 캐소드에 산소($\frac{1}{2}O_2$)를 공급하여 최종적으로는 산소와 수소가 반응하여 물(H_2O)을 생성한다는 것($H_2+\frac{1}{2}O_2=H_2O$), 애노드에서 전자($2e$)가 방출되고 그 전자는 외부회로를 통해 캐소드로 이동한다는 것, 이온은 전해질 안을 반대쪽의 전극을 향해 이동한다는 것이다. 이 반응이 계속됨으로써 연속적인 전자의 흐름, 즉 전류가 발생한다.

▮1.2 셀의 기본 구성요소와 각 요소의 기능

셀을 구성하는 최소단위는 전해질과 그것을 양쪽에서 감싸고 있는 두 개의 전극이다. 이것은 평판형 셀의 경우이고, 형상적으로는 원통형의 것도 있으나 셀 부분이 전해질과 두 개의 전극으로 구성되어 있는 것은 똑같다.

전해질은 액체나 고체가 사용된다. PEFC나 SOFC의 경우는 전해질이 고체이기 때문에 그 자체가 전해질판을 형성할 수 있으나 액체인 경우는 그렇게 할 수 없기 때문에 일반적으로는 다공질의 세라믹판에 액체를 함침시켜 전해질판을 형성한다.

전해질판은 이온만 통과시키고 전자는 통과시키지 않는다. 즉 절연체이어야 한다.

또한 양쪽이 애노드와 캐소드에 접해 있기 때문에 연료가스와 공기의 혼합을 막는 실(seal) 기능이 필요하다. 다공질의 전해질판에 액체전해질을 함침시키는 경우 전해질은 이온의 통로임과 동시에 연료가스와 공기의 혼합을 막는 실(seal) 기능의 역할도 한다.

반면, 연료전지에서는 전체적으로 볼 때 수소와 산소가 반응하여 물을 생성한다고 표현하는데, 조금 더 자세히 보면 전극에서의 반응은 통상적인 화학반응과는 달리 반응에는 반드시 전자의 교환이 동반된다. 이것을 전기화학반응이라 하는데 애노드의 반응도, 캐소드의 반응도 전극반응에는 가스와 전자와 이온이 관여한다.

따라서 반응이 일어나는 장소는 가스도, 전자도, 이온도 각각 통과할 수 있는 통로가 있어야 한다. 이와 같은 장소를 '3상계면'이라 부른다. [그림 1.2]는 3상계면을 모식적으로 나타낸 것이다. 3상계면이란 연료나 공기 같은 기체와 전자가 이동하는 고체와 이온이 이동하는 액체의 3상의 접점이라는 의미이다. 따라서 [그림 1.2]는 액체전해질의 경우를 나타낸다.

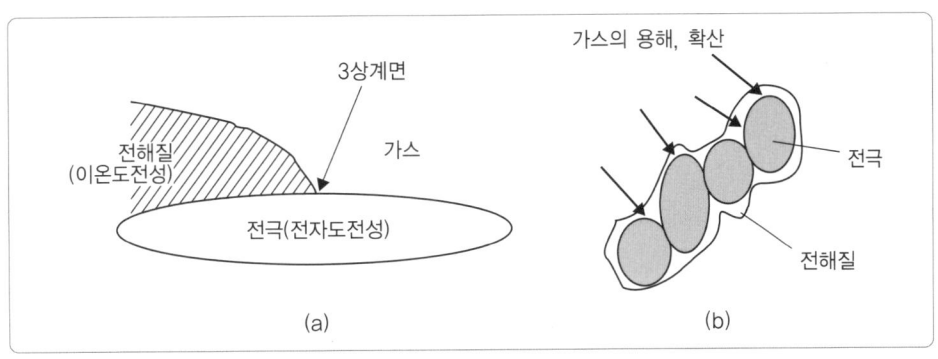

[그림 1.2] 3상계면의 모식도

[그림 1.2 (a)]에서는 3상계면이 선이 된다. 엄밀히 말하면 면적을 갖지 않는 것이므로 반응은 일어나지 않거나 일어났다 해도 그 속도가 매우 느리다. 그러나 실제로는 [그림 1.2 (b)]와 같이 전극표면을 액체전해질이 적셔 전극표면에 형성된 얇은 전해질막 안에 가스가 용해되고 확산되어 전극표면에서 발전반응이 일어난다고 생각된다.

그러나 고체전해질의 경우는 전극표면을 전해질이 적시는 현상이 일어나지 않으므로 전극재료와 전해질재료가 잘 혼합된 반응층을 형성하거나 전극표면에 전해질과 같은 재료를 도포하는 등의 처리가 필요하다.

[그림 1.3]에 PEFC의 전극부의 모식도를 나타냈다.

이 경우 전극 측은 전자의 이동이 가능하도록 연속성이 있어야 하며, 전해질 측도 이온이 이동할 수 있도록 반응부에서 전해질판까지 연결되어 있어야 한다.

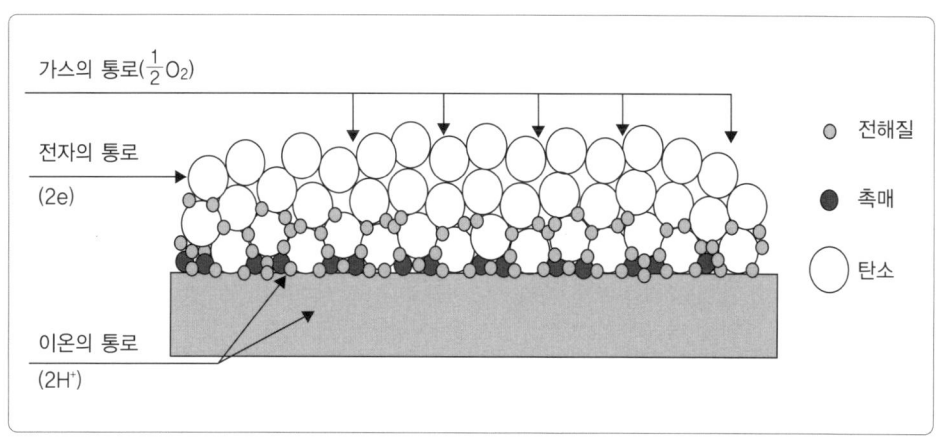

[그림 1.3] PEFC에서의 3상계면의 모식도

PEFC와 같이 저온에서 운전되는 연료전지의 경우는 발전반응을 촉진하기 위한 촉매가 필요하며 이 세 가지가 적절히 배치되어야 한다.

PEFC의 전해질은 수십 μm 정도의 얇은 고분자막이다. 대표적인 것 중 하나로 듀 퐁사의 나피온이라는 막이 있다. 이 막은 Perfluoro Carbon Sulphonic Acid Polymer Membrane이라 불리는데 화학구조는 [그림 1.4]와 같다. 불소계 고분자에 서 여러 개의 측쇄가 나와 있고 그 끝에 술폰산기가 붙어 있다. 여기가 산으로서 수소 이온(프로톤) 도전성을 갖게 된다. 여러 개의 측쇄를 모아 클러스터라 부르는 다발모 양의 구조를 만들고 여러 개의 클러스터 사이에는 서로 이온이 통과할 수 있는 통로 가 형성되어 있다. 프로톤은 여기를 통과하여 애노드에서 캐소드로 이동한다. 이때 프로톤은 여러 개의 물분자와 함께 이동하며, 이 상태를 수화 프로톤이라고 한다.

이와 같은 관점에서 전극은 가스가 통과할 수 있도록 다공질의 물질이면서 전자가 이동할 수 있도록 전자도전성이 있는 물질로 연속적으로 만들어져 있어야 한다. 또 한 적어도 반응이 일어나는 장소에서는 전해질이 존재해야 한다. 전극부의 전해질도 전해질판에 연결되어 있어야 한다. 전해질은 일반적으로 부식성을 가지고 있으므로 전극이나 전해질판의 재료는 그 전해질에 대한 내식성도 필요하다.

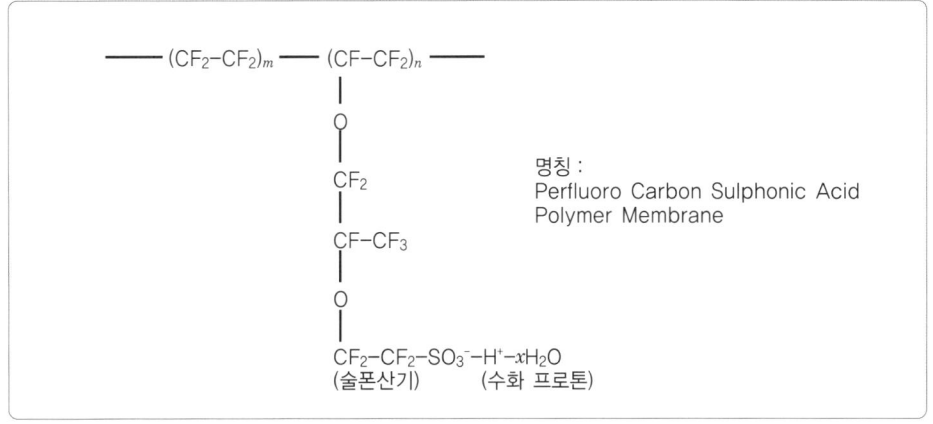

명칭 :
Perfluoro Carbon Sulphonic Acid
Polymer Membrane

[그림 1.4] 나피온막(듀퐁사제)

또한 하나의 셀 운전전압은 1V 이하이므로 발전설비로 사용할 때는 여러 개의 셀을 적층한 스택으로 사용하는데 스택에서는 각 셀 간, 각 요소 간의 접촉을 좋게 하기 위해 전체를 강한 힘으로 쪼인다. 따라서 전극이나 전해질판은 장시간 사용에 대해 압축 크리프 변형이 허용범위 안에 있어야 한다.

1.3 연료전지의 개발 역사

연료전지는 1839년 영국의 그로브가 최초로 실험에 성공하였다. 그 후에도 유럽을 중심으로 기초적인 연구가 진행되어 1952년 영국의 베이컨이 알칼리형 연료전지(AFC)의 특허를 취득하고, 1959년 5kW의 실험에 성공하였다.

그 후 실용화를 향한 개발의 주체는 미국으로 옮겨져 1965년 GE(General Electric)사가 개발한 고체고분자형 연료전지(PEFC)가 유인우주선 제미니 5호에 탑재되었다. 1968년에는 현재의 UT(United Technology)사가 베이컨의 특허를 취득하여 개발한 AFC가 아폴로 7호에 탑재되었다.

이처럼 연료전지의 실용화는 우주개발에서 시작되었다.

우주개발, 즉 로켓에서는 순수한 수소와 산소가 있었기 때문에 운전온도가 낮고 효율이 높은 AFC가 사용되었다. AFC는 전해질에 수산화칼륨수용액을 사용하기 때문에 산성가스인 CO_2가 전해질을 약하게 만든다.

연료전지를 지구상에서 사용하는 경우, 애노드에 공급하는 연료는 천연가스 등의 탄화수소를 수증기 개질하여 얻어지는 수소를 사용하는 것이 가장 실용적이지만 이 연료 안에는 다량의 CO_2가 들어 있다. 또한 캐소드에 공급하는 산소는 공기를 사용하는 것이 가장 실용적이지만 공기 중에도 소량의 CO_2가 들어 있다. 따라서 AFC는 지구상에서 사용하는 경우 그다지 일반적이라고 할 수 없다.

이 문제를 해결하려면 CO_2에 강한 새로운 전해질의 개발이 필요하다.

다음으로 개발된 인산형 연료전지(PAFC)는 인산수용액을 전해질로 사용하기 때문에 산성가스인 CO_2에 의한 전해질의 취약화라는 문제가 없다. 이것은 공업적으로 어느 정도 실용적인 단계에 들어와 50kW에서 200kW의 것을 주체로 세계에 수백 대 정도가 운전되었다. 그러나 전해질이 인산수용액이라서 온도를 높이면 수분이 증발되어 버리고, 운전온도가 200℃ 정도가 되어 전극반응을 촉진하기 때문에 백금 등의 촉매가 필요했다. 백금촉매는 연료 중에 CO가 있으면 백금 표면에 붙어 발전반응을 저해하기 때문에 연료 중의 CO값을 일정 이하로 할 필요가 있었다.

CO를 줄이려면 시프트 반응($CO+H_2O=CO_2+H_2$)이라는 촉매반응에 의해 CO를 H_2로 바꾸는 조작이 필요하다.

이를 위해서는 수증기가 필요한데, 이 지구상에 많이 매장되어 있는 석탄을 이용할 경우 석탄의 주성분인 탄소 때문에 연료 중의 CO를 줄이기 위해서는 대량의 수증기가 필요하므로 실용적이지 않다. 또한 여러 가지 제한요인들 때문에 발전효율도 높일 수 없다. 따라서 촉매를 필요로 하지 않는 전해질이 필요했다. 촉매가 필요 없이 전극반응을 빨리 하기 위해서는 운전온도를 높일 필요가 있다.

다음으로 용융탄산염형 연료전지(MCFC)가 거론되었다. 이것은 Li_2CO_3, K_2CO_3, Na_2CO_3 등의 혼합염으로 650℃ 정도로 운전되므로 촉매가 필요하지 않다. 연료전지의 전극반응은 전기화학반응으로 전자의 교환을 동반하며 모두 전극상에서의 접촉반응이므로 전극 자체가 어떤 의미에서는 촉매라고 할 수 있을지 모르지만, 소위 백금 같은 촉매는 필요하지 않기 때문에 CO가 오히려 연료가 된다. 그러나 [그림 1.1]과 같이 이 반응을 지속시키기 위해서는 캐소드에 CO_2를 공급해야 하므로 그만큼 시스템이 복잡해진다.

그래서 촉매도, CO_2의 공급도 필요하지 않은 고체산화물을 전해질로 생각하게 되었다. 이것은 이트리아 안정화 지르코니아라는 세라믹을 전해질로 사용하며 1,000℃ 정도의 고온에서 산소이온 도전성이 있는 것을 이용하고 있다. 이것은 지금까지의 모든 문제들을 해결했으나, 운전온도가 높기 때문에 사용할 수 있는 재료가 거의 세라믹이며 재료로서의 안정성과 제조비용 문제 때문에 아직 실용단계에는 이르지 못했다.

물론 연료전지 발전시스템에서 전해질만이 전부인 것은 아니다. 발전효율, 설비비용, 배열의 유효 이용 등 여러 가지 면에서 평가되지만 가장 기본은 전해질로 무엇을 사용하는가이다. 전해질이 바뀌면 그것에 대응하기 위해 운전온도가 달라지거나 스택의 냉각방법이 달라지거나, 재료가 달라지거나, 공급하는 가스의 조건이 달라지는 등 또 다른 시스템이 되어 버린다.

수소와 산소를 전기화학적으로 반응시켜 전기를 얻는다는 본질은 전혀 다르지 않지만 그 목적을 달성하기 위한 전해질로서 무엇을 사용하는가에 따라 연료전지시스템은 큰 영향을 받는다.

지금까지 설명한 것을 [표 1.2]에 정리하였다. 앞으로도 새로운 전해질이 발견될 것으로 생각된다.

[표 1.2] 전해질의 차이가 장치에 미치는 영향

항 목	내 용
전극반응	이온전도종에 따라 다르다. 용융탄산염형에서는 CO_2 리사이클 라인이 필요하다.
운전온도	이온전도성과 전해질의 손실(증발, 다른 물질과의 반응 등)로 정해진다.
연료전처리	PAFC, PEFC는 전극의 백금촉매 보호 때문에 연료 중의 CO 저감이 필요하다. 알칼리형은 전해질의 취약화 방지를 위해 CO_2를 포함한 수소, 산소는 사용할 수 없다.
재료	전해질에의 내식성과 운전온도 때문에 인산형이나 고체고분자형에서는 탄소가, 용융탄산염형에서는 금속이, 고체산화물형에서는 세라믹이 많이 사용된다.
발전효율	일반적으로 운전온도가 높은 연료전지 쪽이 전압이 높고 배열을 발전에 유용하게 이용할 수 있으므로 발전효율이 더 높아진다.
발전효율과 용도	발전효율이 낮은 저온형 연료전지는 최종소비자 근처에 설치하는 on site/cogeneration형이 된다. 이에 비해, 고온형은 발전효율이 높아 중규모 분산전원 등의 적용도 가능하다.
전류밀도와 용도	일반적으로 전해질의 두께가 얇을수록 전류밀도를 높일 수 있으므로 장치를 소형화할 수 있다. 고체고분자형은 그러한 이유로 자동차용에도 적용 가능하다.

▶1.4 연료전지의 종류

[표 1.1]에 현재 주로 개발되고 있는 4종류의 연료전지를 일람표로 정리하였다. 전해질은 무엇을 사용하고 있는지, 이온전도종은 무엇인지, 전극반응은 어떠한 반응인지, 운전온도는 몇 도인지, 어떤 재료가 사용되고 있는지, 발전효율은 몇 % 정도인지 등 여러 가지가 기재되어 있는데 여기서는 큰 틀을 정리해둔다.

우선 저온형과 고온형으로 구별된다. 저온형은 앞에서도 말했듯이 운전온도가 낮고 전극에서의 발전반응을 촉진하기 때문에 백금촉매를 사용하고 있는 것이 포인트이다. 때문에 CO농도를 낮출 필요가 있고 기본구성에서 자세히 설명했듯이 시프트 반응이나 선택산화 등에 의해 스택에 공급하는 연료 중의 CO농도를 낮출 필요가 있다.

그러므로 연료로는 석탄처럼 C성분이 많은 연료에는 적합하지 않다. 같은 이유로 CO_2를 다량 함유한 소화가스도 적합하지 않다. PAFC(인산형 연료전지)는 이미 기술적으로 확립된 단계에 들어와 있지만 발전효율이 40% 정도로 기존의 발전설비에 비해 특별한 우위성이 없으므로 앞으로 보급되기 위해서는 많은 비용 절감이 필요하다.

PEFC는 CO의 허용값이 인산형보다 더 낮고, 효율도 PAFC보다 낮지만 다음과 같은 특징 때문에 현재 가장 주목받고 있는 연료전지이다.

하나는 전해질이 고체라서 액체전해질보다 안정하다는 것이다. 단, 현재 상황에서는 수명이 액체전해질보다 훨씬 짧기 때문에 앞으로 많은 개량이 필요하다. 또한 전해질의 두께는 수십 μm로 얇고 장래에는 더 얇아질 것으로 예상되므로 내부저항이 작고 전류를 높여도 전압이 작기 때문에 스택을 소형화할 수 있다. 운전온도는 60~70℃로 낮고 특히 수소 공급의 경우는 상온에서도 발전을 개시할 수 있으므로 고온형처럼 플랜트의 예열에 많은 시간을 쓰지 않는다. 한편으로는 PEFC(고체고분자형 연료전지)의 운전온도를 조금이라도 고온화하려는 연구, 즉 고온에서 사용할 수 있는 전해질막이 연구되고 있다. 이것은 ① 발전효율을 높인다, ② 배열온도를 높여 배열회수의 유효성을 높인다, ③ CO의 허용값을 높인다 등의 관점에서 실시되고 있다.

환경성은 원래 어느 연료전지도 좋기 때문에 소형성과 기동성에서 PEFC는 자동차용 동력원으로 주목받고 있으며 자동차 회사들은 막대한 인력과 자금을 들여 연료전지 자동차를 개발하고 있다. 이것 자체가 PEFC가 주목받고 있는 이유이기도 하다. 즉 자동차용으로 실현되면 대량생산에 의해 연료전지의 비용이 크게 떨어져 기존의 발전설비보다 저렴하고 무공해의 발전설비를 실현할 수 있을 것으로 기대되기 때문이다. 운전온도는 낮고 운전압력이 대기압이면 취급이 용이하고 가정용 발전설비로도 사용할 수 있을 것이다.

가정용 발전설비가 실현되면 지금까지 가정에서 요리나 보일러를 돌리는 데만 썼던 고급연료인 도시가스의 사용을, 먼저 발전하고 그 배기가스를 이용하여 보일러를 돌리는 효율적인 이용으로 바꿀 수 있다. 이것은 에너지 자원의 유효 이용에 큰 공헌을 한다.

그러나 이러한 꿈을 실현하기 위해 넘어야 할 장벽은 스택의 수명, 설비비용 등 여전히 많다. 또한 고체고분자형 연료전지의 영문 명칭이 일본에서는 PEFC(Polymer Electrolyte Fuel Cell)로 불리고 있는데, 미국에서는 PEMFC(Proton Exchange Membrane Fuel Cell)로 불리고 있는 것도 고쳐야 할 점이다.

MCFC는 현재 PAFC에 이어 상용화가 이제 막 시작되었는데 발전효율은 대형 발전소와 비슷한 효율을 가지고 있다는 점, CO에 의한 촉매피독의 우려가 없기 때문에 연료로는 소화가스, 석탄 등을 사용할 수 있다는 점에서 많은 주목을 받고 있다.

PEFC와 같이 소형화되지 않고 운전온도가 높아 예열에 시간이 걸린다는 점에서 PEFC와는 경합이 되지 않고 수백 kW 이상의 분산전원으로 보급될 것이다. 단, 지금으로서는 아직 설비비용이 높고, 스택의 수명도 조금 더 개선될 필요가 있다.

SOFC(고체산화물형 연료전지)는 전해질이 고체라서 안정하다는 점, 촉매를 사용하지 않아 CO의 문제가 없고, 연료로는 MCFC와 마찬가지로 폭넓게 사용할 수 있다는 점, 발전효율이 MCFC와 동등하거나 다소 개선될 가능성이 있다는 점에서 가장 좋은 연료전지가 될 가능성이 있으나 아직 실용단계에 이르지는 못했다.

현재의 과제는 세라믹 재료의 신뢰성을 포함한 스택의 수명, 셀 제조과정을 포함한 설비비용 등이다.

▥ 1.5 연료전지의 특징

① 발전효율이 높다.

종래에 사용되어 온 발전장치(증기터빈, 가스터빈, 디젤엔진 등)는 모두 화석연료 에너지를 한번 열로 변환하고 이것을 다시 운동에너지로 변화하여 교류발전기를 돌리는 방식이다. 원자력발전도 원래의 에너지 형태는 조금 다르지만 발전원리는 거의 같다.

이에 비해 연료전지는 연료가 가진 화학에너지를 직접 전기로 변화하는 직접발전이다. 변환과정이 적은 만큼 손실도 적어 높은 발전효율을 얻을 수 있다. 또한 에너지의 변환원리에 따라 종래의 발전설비에서는 대형일수록 변환효율이 높은 스케일 메리트가 있었으나 연료전지에서는 스케일 메리트가 거의 없기 때문에 반대로 소형이어도 높은 발전효율을 얻을 수 있다.

② 친환경적이다.

연료 내의 유황성분은 연료전지에 해가 되므로 사전에 제거한다. 따라서 연료전지에서 대기 중으로 유황산화물을 방출하는 일은 없다. 또한 발전이 연소라는 과정에 의존하지 않기 때문에 질소산화물이 거의 발생하지 않는다. 대기오염물질, 수질오탁물질의 방출이 거의 없는 데다 발전효율이 높기 때문에 지구온난화 물질인 CO_2의 방출도 줄일 수 있다. 또한 발전이 회전운동이나 왕복운동에 의하지 않고 정지된 상태에서 일어나는 전기화학반응에 의하기 때문에 소음도 줄일 수 있다.

③ 분산전원으로서의 적응성

연료전지는 발전효율이 높고, 친환경적이기 때문에 전기의 최종 수요가에 가까운 곳에 발전설비를 설치하는 것이 가능해졌다.

종래의 발전설비는 대형으로 할수록 효율이 높고 비용도 낮아지므로 대형 발전설비에서 집중적으로 발전하여 송전, 변전설비를 경유하여 최종 소비자에게 도달했다.

이 방법에서는 송변전설비의 건설, 유지관리가 필요하여 비용이 높아지는 원인이 될 뿐 아니라 송변전과정에서 전기적으로도 5.5% 정도의 손실이 발생한다. 또한 발전과정에서는 어느 방식에서든 반드시 열의 발생을 동반하는데 집중형 발전소의 경우 거리적으로 열이 최종 소비자에게 도달할 수 없다.

그러나 발전설비를 최종 소비자 근처에 설치할 수 있게 되면 거기서 발생하는 열도 유용하게 이용할 수 있어 에너지 효율이 비약적으로 향상된다. 이것을 실현하기 위해서는 발전규모가 작아도 발전효율이 높고 비용도 저렴한 발전설비가 필요하다. 또한 최종 소비자의 인접지에 설치하기 위해서는 안전하고 환경적응성이 우수한 것이어야 한다.

연료전지는 이러한 요구를 만족시킬 것으로 생각된다. 연료전지는 셀이라는 작은 단위로 구성되어 있고 하나의 셀은 큰 것이라도 1~2kW 정도이다. 대형화하려면 이 셀을 여러 개 적층하면 되므로 발전효율은 크든 작든 크게 달라지지 않는다. 비용을 낮추는 것은 스케일 효과에 의존하는 것이 아니라 똑같은 것을 많이 만드는 대량생산 효과에 의존한다.

2 셀과 스택의 구조

셀이나 스택의 구조는 연료전지의 종류나 제조사에 따라 다양하지만 기본적인 것은 동일하므로 아래에 용융탄산염형 연료전지(MCFC)의 경우에 대해 설명하고 다른 연료전지에 대해서는 필요한 부분을 보충한다.

2.1 셀

지금까지는 셀은 전해질판과 그것을 양쪽에서 둘러싸는 형태로 애노드(연료극)와 캐소드(공기극)의 두 전극으로 구성된다고 설명해왔다. 그러나 실제 셀은 조금 더 복잡하다. 물론 셀의 구조는 연료전지의 종류에 따라서, 개발한 기업에 따라서 다르므

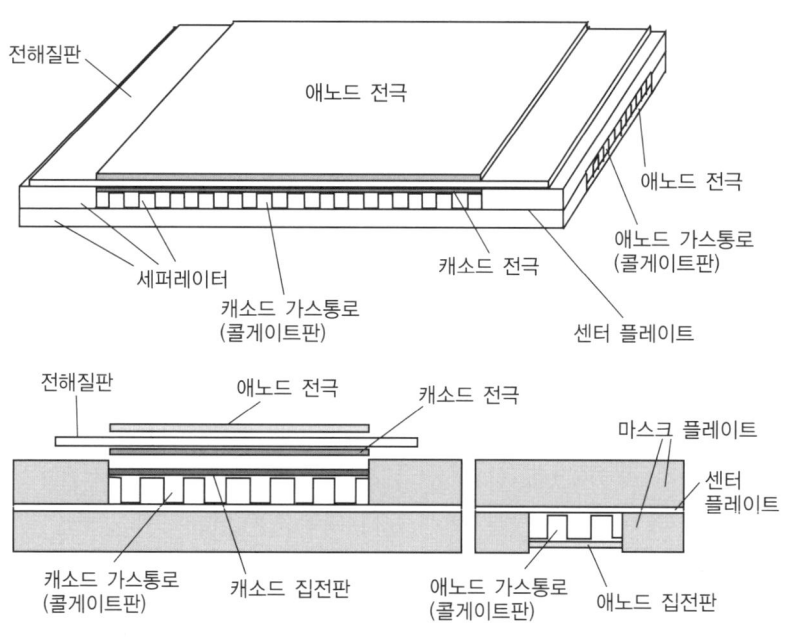

[그림 1.5] 셀 구성요소

로 여기서는 어디까지나 기본적인 것만을 기술한다.

[그림 1.5]에 셀의 기본구성을 나타냈다.

전해질판과 두 전극 다음에 필요한 것은 '세퍼레이터'이다. 셀에는 애노드에 연료를, 캐소드에 공기를 공급할 필요가 있으므로 각각의 통로가 필요하다. 또한 셀은 단독으로 하나만 사용하는 경우는 드물고 여러 개의 셀을 적층한 스택으로 사용한다. 이 경우 연료의 통로와 공기의 통로는 교대로 오기 때문에 그것을 가로막는 판이 없으면 연료와 공기가 혼합되어 연료전지가 발전을 할 수 없다.

연료와 공기를 가로막는 이 판을 세퍼레이터라 하는데, 세퍼레이터의 양쪽에는 반드시 연료와 공기의 통로가 있고 이것을 일체로 한 것이 주로 사용된다. MCFC에서는 이것을 세퍼레이터라 부르지만 연료전지의 종류에 따라 호칭이 다르다. 저온형 연료전지에서는 바이폴러 플레이트, SOFC에서는 인터커넥터라 부르는 경우도 있다. 바이폴러 플레이트는 두 극(애노드, 캐소드)에 접해 있는 플레이트, 인터커넥터는 두 셀 간을 전기적으로 접속하는 것이라는 점에서 그렇게 부르는데 기능적으로는 연료가스와 공기를 물리적으로 가로막고 각각의 가스통로를 형성하면서 앞뒤의 셀 간을 전기적으로 접속하는 역할을 하고 있다.

전극은 원래 전자도전성 물질로 되어 있는데 전극의 전기저항을 줄이거나, 각 요소 간의 접촉을 좋게 하거나, 전극의 기계적인 강도를 보충하는 등의 목적으로 전극과 가스통로 간에 '집전판'이라 불리는 것을 넣는 경우가 있다. 또한 셀 주변에 가스가 누출되지 않도록 하기 위한 '실(seal)'도 필요하다.

[그림 1.6]에 PEFC의 셀 구성을 나타냈다.

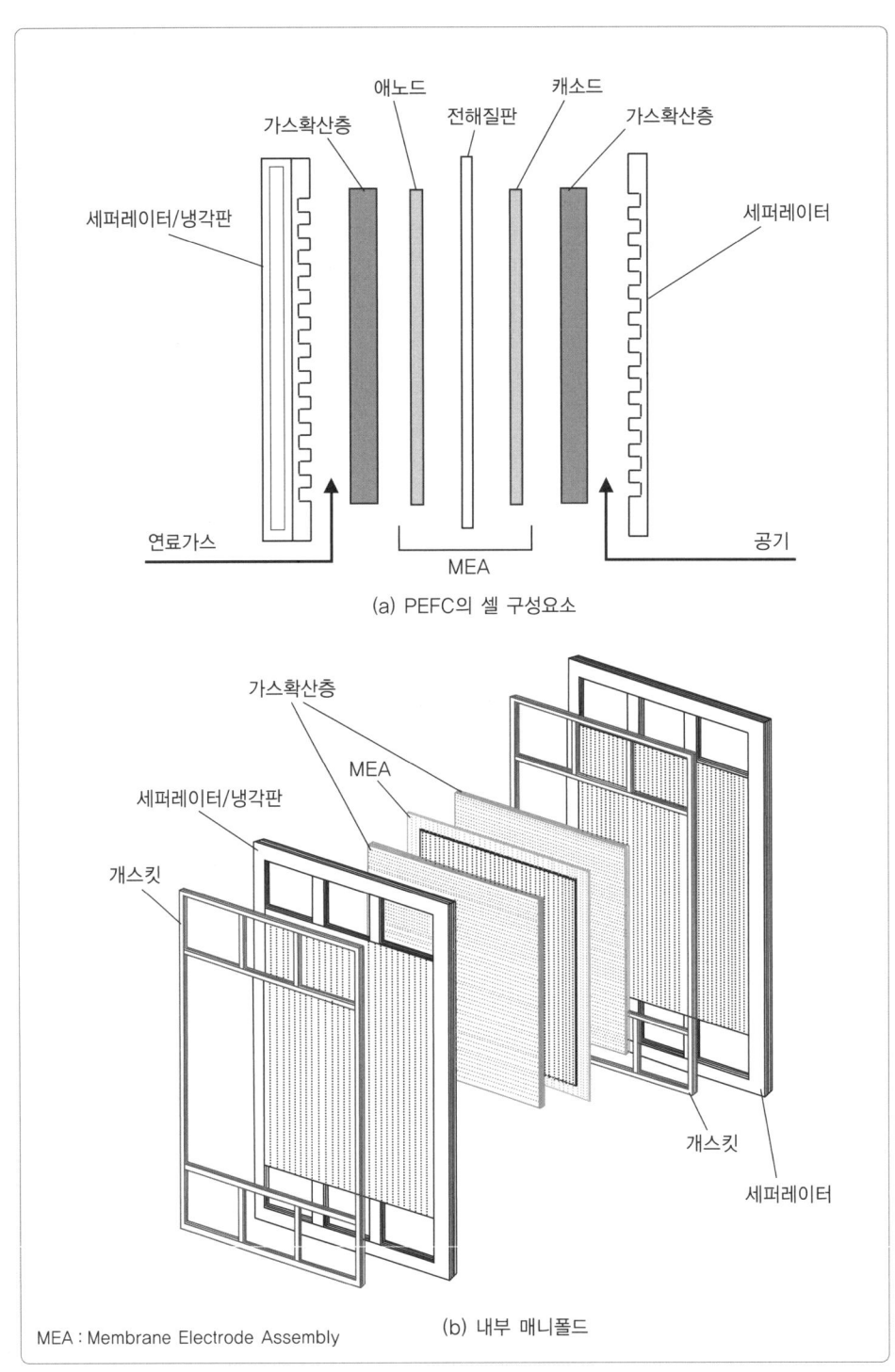

가스확산층　애노드　전해질판　캐소드　가스확산층

세퍼레이터/냉각판

세퍼레이터

연료가스

MEA

공기

(a) PEFC의 셀 구성요소

가스확산층

MEA

세퍼레이터/냉각판

개스킷

개스킷

세퍼레이터

MEA : Membrane Electrode Assembly

(b) 내부 매니폴드

[그림 1.6] PEFC의 셀 구성

PEFC도 기본적으로는 같지만 전해질과 전극을 일체로 한 것을 MEA(Membrane Electrode Assembly : 막전극접합체)라 하며, 그 바깥쪽에 접하는 부분은 가스확산층(Gas Diffusion Layer)이라 한다. 셀의 냉각방법은 여러 가지가 있는데 냉각판을 사용하는 경우가 많고 이것도 셀의 구성요소라 생각할 수 있다.

MCFC나 SOFC와 같은 고온형 연료전지의 경우는 운전온도가 너무 높아 적당한 냉각매체가 존재하지 않으므로 가스로 냉각하거나 흡열반응인 개질반응을 이용하여 냉각한다. 개질반응은 개질기가 스택 내에 들어 있고 이것이 냉각판 역할을 한다.

SOFC의 경우는 셀의 형상이 원통형이나 파형 등 특수한 것도 있으나 여기서는 생략한다.

▮▮ 2.2 스택

[그림 1.7]에 셀을 여러 개 적층한 스택의 개념도를 나타냈다.

[그림 1.5]의 경우로 말하면 위에서부터 애노드 전극, 전해질판, 캐소드 전극, 캐소드 집전판, 캐소드 가스통로, 센터 플레이트, 애노드 가스통로, 애노드 집전판까지가 기재되어 있는데 그 아래는 다시 맨 위의 애노드 전극으로 돌아가는 것이다.

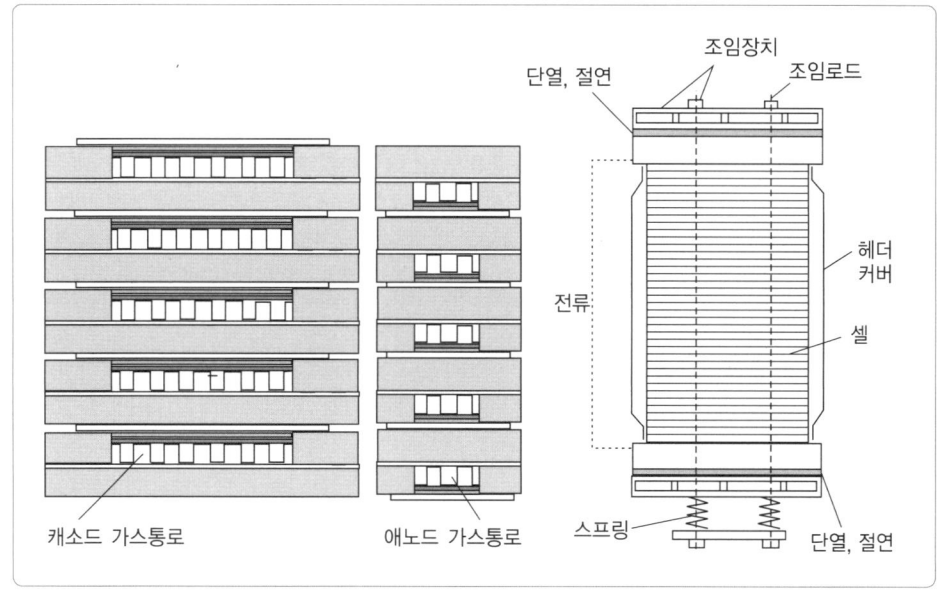

[그림 1.7] 스택 구조도

스택에서는 이와 같은 순서로 여러 개의 셀이 반복하여 적층된다. 여기서 적층된 각 셀의 애노드에 공기와 혼합되지 않고 어떻게 연료를 공급할 것인가? 그것은 전체를 뒤덮는 헤더를 스택의 네 측면에 설치하여 각각 연료가스의 입구, 출구, 공기의 입구, 출구로 한다. 각각 하나의 헤더에 대해서는 마스크 플레이트에 의해 연료 측이나 공기 측의 어느 한쪽만이 개구부가 되도록 되어 있기 때문에 연료와 공기가 혼합될 일이 없다.

이와 같은 방식을 '외부 매니폴드'라 부른다. 이에 비해 [그림 1.6 (b)]와 같이 세퍼레이터 주변부에 가스가 통과하는 구멍을 설치한 것도 있다. 이것은 적층하여 스택이 형성됐을 때 이 구멍이 세로로 연속된 가스의 통로를 형성하도록 되어 있다. 이 방식을 '내부 매니폴드'라 부른다. PEFC의 대부분은 내부 매니폴드를 이용하고 있다.

이와 같이 여러 개의 셀을 적층하고 위아래에서 조임로드를 사용해 강한 힘으로 조이고 있다. 이때 일반적으로 텐션로드는 스프링을 통해 조여져 있다. 각 셀은 압축응력에 의해 조금씩 변형되므로 스프링 효과가 있는 것이 없으면 조임이 풀어지게 된다.

적층한 셀은 직렬로 접속되어 있으므로 그 위아래에 전류추출부가 있다. 그 바깥쪽은 절연체로 구조물과 분리되어 있어 셀이 적층된 부분은 전기적으로 떠 있는 상태이다.

각 셀은 직렬로 연결되어 있기 때문에 각 셀에 흐르는 전류는 같다. [그림 1.1]의 반응원리도에서 알 수 있듯이 전류와 반응량은 비례하므로 연료도, 공기도 각 셀에 균등하게 배분되어야 한다. 폭이 넓고 압력손실이 작은 셀에 가스를 균일하게 흘려보내는 것은 의외로 어려운 일이므로 여러 가지 생각을 더 해보아야 한다. 또한 발전반응에 따라 화학에너지의 절반은 전기가 되고, 나머지 절반은 열이 된다. 따라서 스택은 항상 냉각해 줄 필요가 있다. 냉각방법은 연료전지의 종류에 따라 다양한데 저온형 연료전지의 경우는 수냉각이, 고온형 연료전지의 경우는 가스냉각이나 개질반응에 의한 냉각이 사용되고 있다. 고온형 연료전지의 경우 내부개질방식이라 하여 스택의 발열을 개질반응의 열원으로 이용하는 것이 있다. 개질반응은 흡열반응이므로 스택을 냉각하고 있는 것이 된다.

그 밖에 스택에는 셀의 전압이나 온도를 측정하는 계측장치가 설치되어 있다.

3 시스템의 기본구성

3.1 시스템의 기본구성도

연료전지의 연료는 최종적으로 수소이지만 이 수소의 원료로는 탄화수소를 이용하는 것이 가장 실용적인 방법이다. 어느 탄화수소에서도 수소를 얻을 수 있지만 현재 가장 일반적으로 사용되는 것이 천연가스이다. 그 밖에 LPG, 나프타, 등유, 메탄올 등 경질의 탄화수소의 경우는 모두 수증기 개질에 의해 수소를 얻을 수 있으므로 실용적인 범위에 들어간다.

또한 유기물을 혐기성 발효시켰을 때 얻어지는 소화가스(메탄과 CO_2의 혼합가스)도 일부 연료전지의 연료로 사용되고 있다. 가장 일반적인 천연가스는 주성분이 메탄이므로 아래에 간소하게 메탄을 예로 들어 연료전지 발전시스템 및 연료의 전처리 공정에 대해 설명하였다.

[그림 1.8]에 연료전지 발전시스템의 기본구성을 나타냈다.

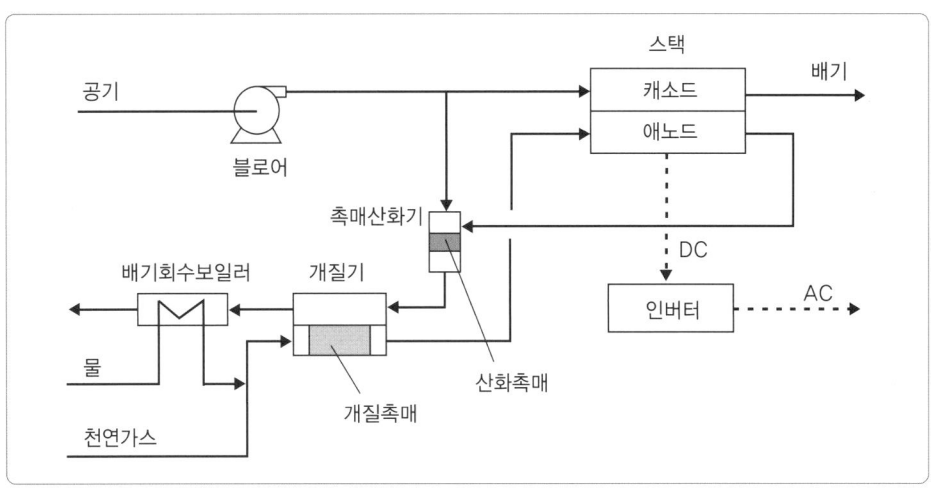

[그림 1.8] 연료전지 발전시스템의 기본구성도

우선, 스택의 캐소드에 블로어로 공기를 보낸다.

애노드에는 연료인 수소를 공급하는데, 공급되는 연료가 천연가스인 경우는 개질기로 수증기 개질($CH_4 + H_2O = CO + 3H_2$)한 뒤 애노드에 공급해야 한다. 애노드에서는 80% 전후의 연료를 발전을 위해 소비하는데 20% 전후의 연료가 남아 애노드에서 배출된다.

개질반응은 흡열반응이므로 외부에서 열을 주어야 한다. 따라서 애노드 배기를 공기로 연소하여 개질기의 열원으로 한다. 이 연소를 위해서도 공기를 보내야 한다. 애노드 배기를 연소하기 위해 버너를 사용하는 경우와 애노드 배기의 발열량이 낮기 때문에 촉매산화기를 사용하는 경우가 있다.

개질을 하기 위해서는 수증기가 필요하므로 배열을 회수하여 수증기를 발생하는 배열회수보일러가 필요하다. [그림 1.8]은 개질기의 배열을 이용하여 수증기를 회수한다고 되어 있는데, 고온형 연료전지의 경우는 캐소드 배기를 사용하는 것이 일반적이다.

▭ 3.2 연료전처리시스템

[그림 1.8]은 연료의 전처리로서 개질기만 기재되어 있는데, 인산형(PAFC)의 경우를 [그림 1.9]에, 고체고분자형(PEFC)의 경우를 [그림 1.10]에 나타냈다.

개질기에서는 수증기 개질반응($CH_4 + H_2O = CO + 3H_2$)이 일어나는데, 앞에서 말했듯이 PAFC나 PEFC 등의 저온형 연료전지에서는 CO가 전극촉매의 피독이 되기 때문에 CO를 일정 농도 이하로 낮춰야 한다.

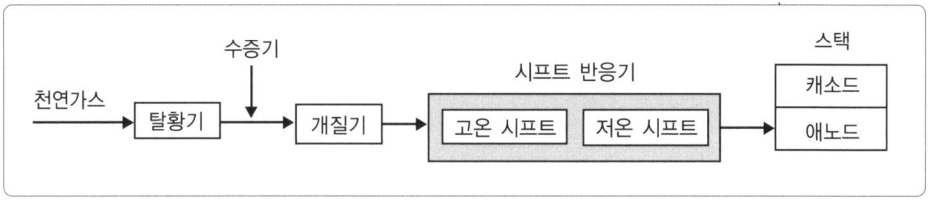

[그림 1.9] PAFC의 연료전처리 프로세스

PAFC의 경우 운전온도가 200℃ 정도로 PEFC의 60~70℃에 비해 높기 때문에 CO의 허용값이 약간 높아 시프트 반응($CO+H_2O=CO_2+H_2$)만으로 끝난다. 화학평형 관계에서 시프트 반응은 저온일수록 CO농도가 낮아지므로 최종적으로 200℃ 전후로 저온 시프트라 불리는 촉매층을 통과한다. [그림 1.9], [그림 1.10]에서는 시프트 반응기를 300~500℃로 하는 고온 시프트와 200℃ 전후로 하는 저온 시프트의 조합으로 기재되어 있는데, 모두 이 방식인 것은 아니다.

PEFC의 경우는 CO의 허용값이 더 낮기 때문에 시프트 반응만으로는 충분하지 않고 선택산화($CO+\frac{1}{2}O_2=CO_2$)처리를 한다. 이를 위해 소량의 공기를 넣는데 CO만을 완전히 선택적으로 산화시킬 수는 없으므로 이때 일부 수소도 연소되어 손실된다. 그래서 CO의 최종적인 저감방법으로 메탄화 반응($CO+3H_2=CH_4+H_2O$)을 사용하기도 하나 선택산화 쪽이 더 일반적이다. 또한 애노드에서의 CO의 영향을 더 줄이기 위해 선택산화 후 다시 소량의 공기를 넣는 경우도 있다. 이것은 애노드 전극 표면에서의 CO의 산화를 목적으로 한다.

지금까지는 탄화수소에서 수소를 만드는 수단으로서 수증기 개질반응에 대해서만 설명했으나 실제로는 이 밖에도 몇 가지 방법이 더 있다.

석탄이나 중질의 탄화수소의 경우는 가스화 방법을 이용한다. 가스화의 대표적인 방법은 부분산화법으로 완전연소에 필요한 산소량의 1/3 정도로 불완전연소를 시킨다. 산화, 즉 산소와의 반응에 의해서도 탄화수소는 분해된다. 또한 연소에 의해 온도가 상승되기 때문에 열분해도 일어난다. 그러나 이것만으로는 탄소가 석출되기 쉬우므로 일반적으로는 가스화에서도 수증기가 첨가되고 고온에서 탄화수소는 수증기

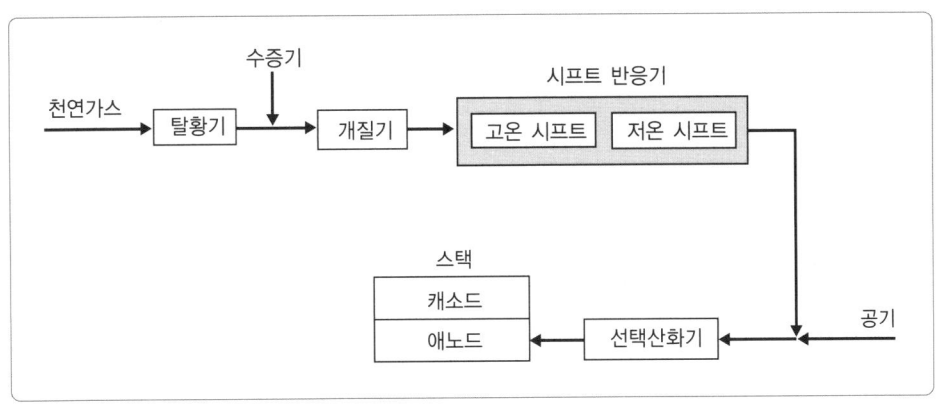

[그림 1.10] PEFC의 연료전처리 프로세스

와 반응한다. 그러나 운전온도가 높은 가스화에서는 촉매를 사용하지 않는 것이 보통이다.

이에 비해 일부 PEFC 발전시스템에서는 부분산화($CH_4 + \frac{1}{2}O_2 = CO + 2H_2$)와 촉매를 사용하는 수증기 개질($CH_4 + H_2O = CO + 3H_2$)을 조합한 방법도 사용되고 있다. 부분산화는 발열반응이므로 이 방법에서는 개질반응(흡열반응)에 필요한 열을 격벽을 통해 외부에서 공급하는 것이 아니라 내부의 산화반응에 의해 보충한다. 이러한 방식을 촉매부분산화(Catalytic Partial Oxidation) 또는 자열반응기(Auto-thermal Reactor)라고 부른다.

이 방법은 부분산화에서 일부 연료가 손실되어 발전효율이 낮아지지만 장치가 간단하고 기동시간이 짧아 우수한 면도 갖추고 있다.

물을 전기분해하여 수소를 얻는 방법도 있다. 이 방법은 전기료가 굉장히 저렴하지 않는 한 경제적으로 어렵다고 생각되지만 미래의 수소시대를 생각하여 다양한 검토가 이루어지고 있다. 수력발전소에서 여력이 있는 시간대를 이용하여 수소를 만드는 방법, 야간의 저렴한 전력으로 수소를 만들어 주간에 연료전지에서 발전하는 연료전지의 가역적인 이용법 등 많은 시도가 검토되고 있다.

수소가스의 경우는 위와 같은 조작에 들어가기 전에 필요한 처리가 있으므로 [그림 1.11]에 나타냈다. 소화가스는 발효과정 관계상 수분 포화로 공급된다. 또한 유황분, 실록산 등 연료전지에 해를 미치는 불순물이 포함되어 있다. [그림 1.11]은 전처리의 예이다. 소화가스는 수분이 포화되어 있기 때문에 물방울의 발생에 주의해야 한다. 또한 대량의 유황성분을 포함하고 있으므로 탈황이 필요하다. 발효조는 대기압이므로 연료전지의 연료로 공급하기 위해서는 압축기에 의한 가압이 필요함과 동시에 제습도 필요하다. 가스 내에 잔존하는 미량의 유황성분과 실록산 등을 제거하기 위한 정밀정제장치가 필요하므로 [그림 1.11]에서는 활성탄으로 기재하였다.

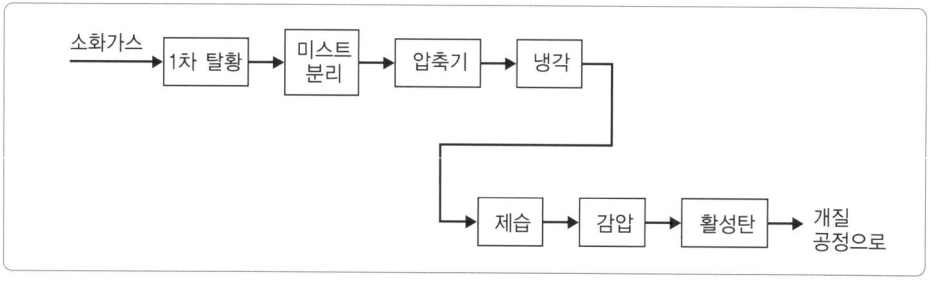

[그림 1.11] 소화가스의 전처리 예

▣3.3 공기의 공급

　연료전지 발전시스템에서 공기의 공급은 일반적으로 스택의 발전반응에 필요한 양보다 상당히 많은 양이 공급된다. 이것은 스택 내에서 각 셀에 공기나 연료를 균등하게 배분하는 것이 어렵고 다소 차이가 생겨도 각 셀에 필요한 공기가 공급되어야 하기 때문이다.

　발전반응이 일어나면 화학에너지의 절반은 전기가 되고, 나머지 절반은 열이 되므로 스택은 항상 냉각하고 있어야 한다. 고온형 연료전지는 공기로 냉각하므로 냉각에 필요한 양에서 공기량이 정해진다.

　저온형의 경우는 스택이 물로 냉각되고 있는데, 발전반응에 필요한 산소량보다 훨씬 많은 공기가 공급된다. 물론 산소분압이 높을수록 스택의 전압도 높아진다.

　대기압 운전의 경우 공기는 블로어로 공급되는데, 가압운전의 경우 공기의 공급은 일종의 가스터빈이 사용된다. 연료전지시스템에서는 가스터빈을 터빈압축기라 부르기도 한다.

　[그림 1.12]에 가압형 연료전지 발전시스템의 예를 나타냈다. 연료전지에서의 배열을 가스터빈으로 회수하는 방식이므로 가압운전은 배열을 이용하기 쉬운 고온형

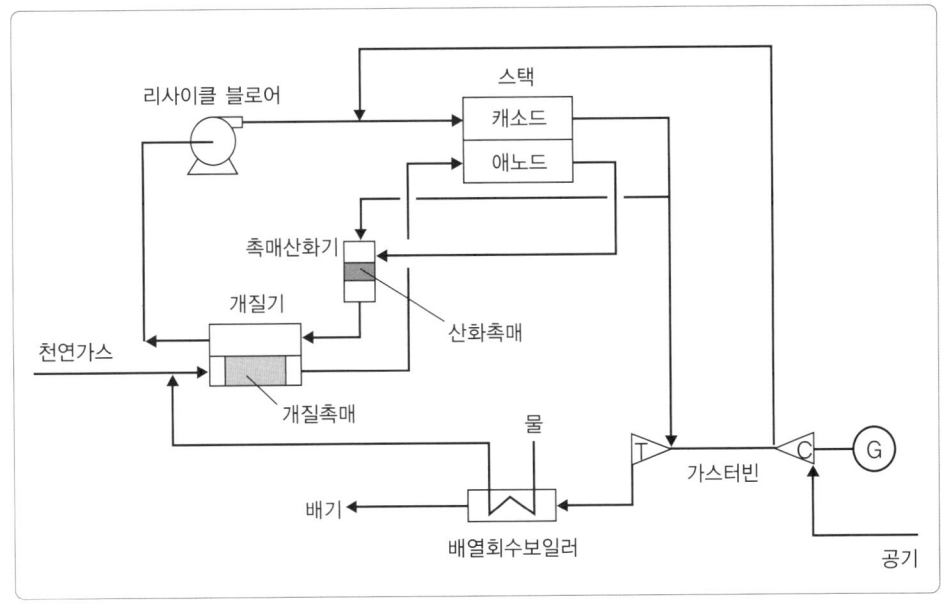

[그림 1.12] 가압형 시스템의 예

연료전지에 사용되는 경우가 많다. 그림은 가압형 MCFC의 예이다.

가스터빈의 압축기를 나온 가압공기는 스택의 캐소드에 공급되어 스택에 발전반응용 산소를 공급함과 동시에 스택을 냉각시킨다. 온도가 높아진 캐소드 배기는 터빈에 도입되고, 동력을 회수한 배기는 아직 온도가 높기 때문에 배열회수보일러에 도입된다. 발생한 증기는 개질용으로 사용된다. 물론 남은 수증기는 회수하는 것도 가능하다.

3.4 제어의 개념

[그림 1.13]에 연료전지 발전시스템의 일반적인 제어의 개념을 나타냈다.

일본에서는 계통연계운전이 대부분이므로 제어로서는 우선 설비의 발전출력을 설정한다. 제어장치에는 미리 부하변화속도가 입력되어 있고 설정된 부하를 향해 제어장치에서 인버터에 출력지시가 보내진다. 이때 동시에 연료유량제어장치에 출력에 맞는 연료를 공급하도록 지시가 보내진다. 제어장치에는 미리 연료의 성상, 개질에 필요한 수증기량(S/C : Steam/Carbon Ratio)도 입력되어 있어 연료유량과 동시에

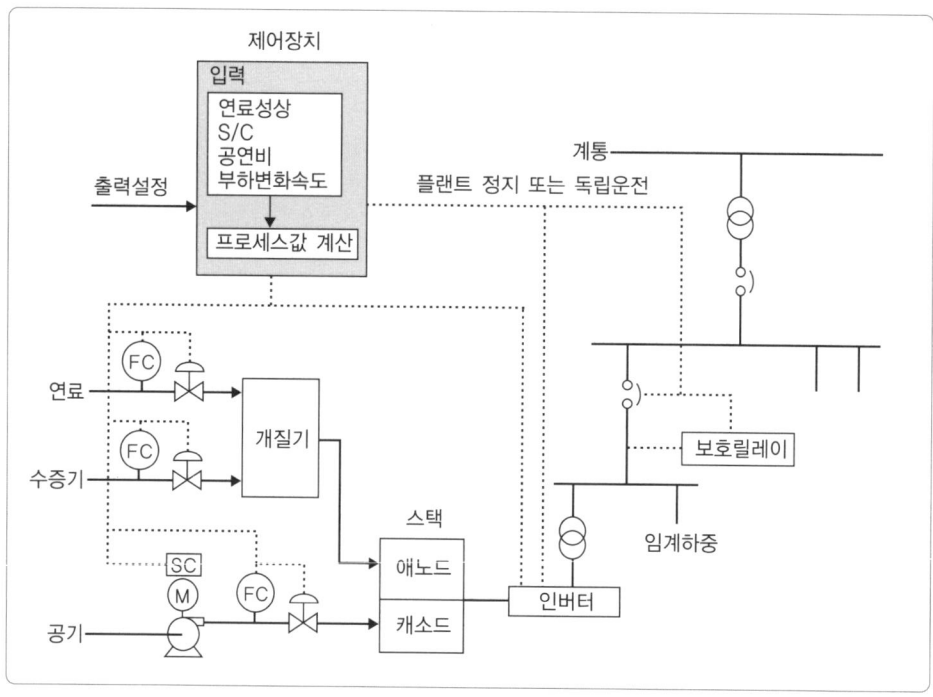

[그림 1.13] 제어의 개념

수증기량도 정해진다. S/C가 낮아지면 탄소 석출도 일어나기 쉬우므로 반드시 설정된 값이나 설정된 값보다 크도록 제어된다.

공기량도 부하에 따른 양을 흘려 보내도록 공기유량제어장치에 지시가 보내진다. 즉, 우선적으로 출력이 결정되고 그것에 필요한 연료유량, 수증기량, 공기유량이 제어장치 내에서 계산된다. 그러나 실제로는 제어의 지연이 일어나므로 그것에 대처하기 위해 몇 가지 피드백 제어가 설정되어 있다. 예를 들어 수증기량이 확보되지 않았을 때는 연료유량을 높일 수 없거나, 연료유량이 확보되지 않았을 때는 인버터가 전류를 높일 수 없거나 하는 논리이다.

계통연계운전 시는 계통의 전압이 일정하므로 인버터는 출력제어, 즉 전류제어가 된다. 그러나 계통에 문제가 발생하여 브레이크를 열림으로 하고 계통에서 분리한 상태로 운전을 계속하는 경우는 대응하는 전력소비(임계하중)에 따르는 운전이 되므로 인버터는 전압제어를 위해 운전모드로 바꿔어 독립운전에 들어간다. 이 기능을 모든 연료전지가 가지고 있는 것은 아니다.

계통연계운전 중에 계통에 문제가 발생한 경우는 플랜트를 정지하거나 독립운전으로 계속하거나 둘 중 하나인데, 어느 방법이든 연료전지 발전시스템을 계통에서 분리할 필요가 있고 이를 위한 보호릴레이가 필요하다. 이 내용은 전력계통 연계 기술요건 가이드 라인(자원에너지청 편)에 나와 있다.

제2장

열 · 물질수지 계산

$$H_2 \rightarrow 2H^+ + 2e$$

$$\frac{1}{2}O_2 + 2H^+ + 2e \rightarrow H_2O$$

1 셀의 기본이론

여기서는 셀에서의 발전반응의 열역학적 개념과 계산방법에 대해 설명한다.

비열, 생성열, 연소열 등의 열역학적인 기초데이터는 문헌에 따라 다소 차이가 있기 때문에 당연히 계산결과도 차이가 있지만, 데이터를 신뢰할 수 있는 것이라면 어느 것이든 실용적으로는 전혀 문제가 되지 않을 것이다. 특히 화학평형상수 등은 세세한 부분까지 계산하기 때문에 숫자상으로는 데이터에 따른 차이가 크게 보이지만 그 차이도 장치의 설계나 운전 면에서는 큰 의미가 없다.

여기서는 열량의 단위로 kcal/kg-mol(LHV : 저위발열량)을 사용한다. 1kg-mol은 22.414Nm³이므로 kcal/Nm³로 변환할 때는 22.414로 나누면 환산할 수 있다. 또한 1kJ는 0.2389kcal이므로 kcal를 kJ로 변환할 때는 0.2389로 나누면 된다. 반응열이나 자유에너지의 식에서는 발열반응일 때를 마이너스로 표시한다. 이것은 표현의 문제이므로 독자 여러분이 여러 가지 효율 등을 계산할 때는 절대량으로 생각하는 것이 이해가 쉽겠지만 여기서는 일단 발열반응을 마이너스로 표시한다.

$$1\text{kg-mol} = 22.414\text{Nm}^3$$
$$1\text{kJ} = 0.2389\text{kcal}$$

1.1 셀의 발전반응

[그림 1.1]의 반응을 다시 한 번 생각해보자. PEFC, MCFC의 경우 각각 다음과 같이 된다.

[PEFC(고체고분자형 연료전지)]

　애노드 반응 : $H_2 = 2H^+ + 2e$

　캐소드 반응 : $\frac{1}{2}O_2 + 2H^+ + 2e = H_2O$

　전체 반응 : $H_2 + \frac{1}{2}O_2 = H_2O$

[MCFC(용융탄산염형 연료전지)]

　애노드 반응 : $H_2 + CO_3^{2-} = H_2O + CO_2 + 2e$

　캐소드 반응 : $\frac{1}{2}O_2 + CO_2 + 2e = CO_3^{2-}$

　전체 반응 : $H_2 + \frac{1}{2}O_2 = H_2O$

어느 경우든 양변을 더하고 공통항을 소거하면 수소와 산소가 반응하여 물을 만드는 전체 반응식이 된다.

◨◨ 1.2 반응열

Hess의 법칙에 따라 반응에서의 엔탈피 차이는 최초의 상태와 마지막 상태로만 결정되고, 그 경로에는 영향을 받지 않으므로 연료전지에서의 반응열은 기본적으로 수소의 연소열과 같다.

단, 연료전지는 종류와 제조사에 따라 운전온도가 다르므로 반응열은 온도의 함수로 구해둘 필요가 있다. 반응열은 다음 식의 T에 절대온도를 넣으면 구할 수 있다.

$$\Delta H_T = -57,093.6 - 2.2945T - 4.4925 \times 10^{-4}T^2 + 8.064 \times 10^{-7}T^3$$
$$- 2.01863 \times 10^{-10}T^4$$

이 식이 어떻게 나왔는지 알고 싶은 분은 아래 메모를 참조하기 바란다.

> **˙memo˙**
>
> 반응열은 비열의 데이터와 몇 개의 온도에서의 반응열을 알면 계산할 수 있다.
> 표준온도에서의 연소열은 일반적으로 데이터가 있으므로 그것을 사용할 수 있다.
> 반응열은 아래 순서로 구할 수 있다.
>
> [반응식 : $H_2 + \frac{1}{2}O_2 = H_2O$]
> ① $\Delta H_T = I_H + \Delta aT + \frac{1}{2}\Delta bT^2 + \frac{1}{3}\Delta cT^3 - \frac{1}{4}\Delta dT^4$
> ② 계수의 산출 : 비열의 데이터([표 2.2])에서

비열계수의 산출

	a	b ($\times 10^{-2}$)	c ($\times 10^{-5}$)	d ($\times 10^{-9}$)
H_2O	7.700	0.04594	0.2521	-0.8587
H_2	6.952	-0.04576	0.09563	-0.2079
O_2	6.085	0.3631	-0.1709	0.3133
$\frac{1}{2}O_2$	3.0425	0.18155	-0.08545	0.15665
$H_2 + \frac{1}{2}O_2$	9.9945	0.13579	0.01018	-0.05125
$H_2O - (H_2 + \frac{1}{2}O_2)$	-2.2945	-0.08985	0.24192	-0.80745

③ $I_H = \Delta H_T - \Delta aT - \frac{1}{2}\Delta bT^2 - \frac{1}{3}\Delta cT^3 - \frac{1}{4}\Delta dT^4$

$\Delta H_T = -57{,}797.9 \text{kcal/kg-mol}(298.16K)$ (생성열 데이터 [표 2.9]에서)

$I_H = -57{,}797.9 + 2.2945T + \frac{1}{2} \times 0.08985 \times 10^{-2}T^2$
$\quad - \frac{1}{3} \times 0.24192 \times 10^{-5}T^3 + \frac{1}{4} \times 0.80745 \times 10^{-9}T^4$
$\quad = -57{,}797.9 + 2.2945T + 4.4925 \times 10^{-4}T^4 - 8.064 \times 10^{-7}T^3$
$\quad + 2.01863 \times 10^{-10}T^4$

$T = 298.16$에서

$\quad I_H = -57{,}797.9 + 684.13 + 39.94 - 21.37 + 1.5953 = -57{,}093.6$

④ $\Delta H_T = I_H + \Delta aT + \frac{1}{2}\Delta bT^2 + \frac{1}{3}\Delta cT^3 + \frac{1}{4}\Delta dT^4$
$\quad = -57{,}093.6 - 2.2945T - 4.4925 \times 10^{-4}T^2 + 8.064 \times 10^{-7}T^3$
$\quad - 2.01863 \times 10^{-10}T^4$

1.3 자유에너지

연료전지의 발전반응에서는 깁스의 자유에너지만큼 이론적으로 전기로 변환 수 있으므로 발전반응에서의 자유에너지의 차이를 온도의 함수로 구할 필요가 있다. 자유에너지는 $\Delta G = \Delta H - T\Delta S$이고, 아래 식의 T에 절대온도를 넣어 구할 수 있다.

$\Delta G = \Delta H - T\Delta S$ 식이 어떻게 나왔는지 알고 싶은 분은 다음 메모를 참조하기 바란다.

$\Delta G = -57{,}093.6 - 4.9287T + 2.2945T \times \ln(T) + 4.4925 \times 10^{-4}T^2$
$\quad - 4.032 \times 10^{-7}T^3 + 6.7288 \times 10^{-11}T^4$

자유에너지를 구하기 위해서는 비열 데이터 외에 발전반응에서의 생성열과 엔트로피 데이터가 필요하다.

① $\Delta G = I_H + (\Delta a - I_S)T - \Delta aT\ln(T) - \frac{1}{2}\Delta bT^2 - \frac{1}{6}\Delta cT^3 - \frac{1}{12}\Delta dT^4$

② $\Delta S_T = I_S + \Delta a\ln(T) + \Delta bT + \frac{1}{2}\Delta cT^2 + \frac{1}{3}\Delta dT^3$

③ $I_S = \Delta S_T - \Delta a\ln(T) - \Delta bT - \frac{1}{2}\Delta cT^2 - \frac{1}{3}\Delta dT^3$

④ ΔS_T의 산출 : (엔트로피 데이터 [표 2.10]에서)

　　ΔS_T의 산출

> $H_2O : 45.106$
> $H_2 : 31.211$
> $O_2 : 49.003$
> $\frac{1}{2}O_2 : 24.5015$
> $H_2 + \frac{1}{2}O_2 : 55.7125$

　　$\Delta S_T = H_2O - (H_2 + \frac{1}{2}O_2) = 45.106 - 55.7125 = -10.6065$

⑤ $I_S = -10.6065 + 2.2945\ln(T) + 8.985 \times 10^{-4}T - \frac{1}{2} \times 2.4192$

　　　$\times 10^{-6}T^2 + \frac{1}{3} \times 8.0745 \times 10^{-10}T^3$

　　$= -10.6065 + 13.0732 + 0.2679 - 0.10753 + 0.007134 = 2.6342$

　　$(T = 298.16K)$

⑥ $\Delta G = I_H + (\Delta a - I_S)T - \Delta aT\ln(T) - \frac{1}{2}\Delta bT^2 - \frac{1}{6}\Delta cT^3 - \frac{1}{12}\Delta dT^4$

　　$= -57,093.6 - (2.2945 + 2.6342)T + 2.2945T\ln(T)$

　　　$+ 4.4925 \times 10^{-4}T^2 - 4.032 \times 10^{-7}T^3 + 6.7288 \times 10^{-11}T^4$

　　$= -57,093.6 - 4.9287T + 2.2945T \times \ln(T) + 4.4925 \times 10^{-4}T^2$

　　　$- 4.032 \times 10^{-7}T^3 + 6.7288 \times 10^{-11}T^4$

▯1.4 이론전압

　　PEFC에서의 애노드의 식($H_2 = 2H^+ + 2e$)을 보면 수소분자 1개에 의해 전자는 2개가 방출된다. MCFC의 경우도 마찬가지로 애노드의 식($H_2 + CO_3^{2-} = H_2O + CO_2 + 2e$)을 보면 수소분자 1개에 전자가 2개 방출된다. 이것은 수소의 소비량과 전자의 흐름, 즉 전류가 완전히 대응하고 있다는 것을 의미한다.

　　따라서 정해진 양의 연료(예 1kg-mol)가 발전반응을 할 때 얻어지는 전류를 계산할 수 있다.

이론적인 최대전력은 자유에너지만큼이므로 $-\Delta G = I$(전류)$\times V$(전압)으로 놓으면 이론전압을 산출할 수 있다.

이론전압은 다음 식으로 계산할 수 있다.

$$V_0 = \frac{-\Delta G}{(4.60984 \times 10^4)}$$

이 식은 자유에너지를 kcal/kg-mol로 표시한 경우이다.

일반적으로는 $V_0 = -\Delta G/nF$라는 식으로 나타내는데 이 경우 자유에너지는 J/mol 또는 kJ/kg-mol로 표시한다. 단위의 환산 문제일 뿐 나타내는 것은 동일하다. n은 애노드 반응에서 방출되는 전자의 수를, F는 패러데이상수를 나타낸다.

아래에 이론전압을 어떻게 구할 수 있는지를 설명한다. 이것은 연료전지의 기본으로서 매우 중요하다.

① 아보가드로상수 : 6.0221367×10^{26}/kg-mol
(보통은 1mol, 22.414l의 체적 내에 있는 분자의 수를 나타내지만 여기서는 그 1,000배인 kg-mol로 표시한다.)

② 쿨롱 : 1암페어의 전류에 의해 1초간 운반되는 전기량(6.24157×10^{18})으로 1C= 1As가 된다. 1Ah이면 3,600배로 해야 한다.

③ 전류 : $I = \dfrac{6.02214 \times 10^{26} \times 2}{6.2415 \times 10^{18} \times 3,600} = 5.3603 \times 10^4$[Ah/kg-mol]

1kg-mol의 체적 내에 있는 분자의 수는 6.02214×10^{26}으로 그것이 모두 반응했을 때 방출되는 전자의 수는 그 2배이다. 그것을 1쿨롱의 전기량으로 나누면 As가, 다시 그것을 3,600으로 나누면 Ah가 나온다.

④ 이론전압 : 자유에너지를 전기출력(전류×전압)으로 놓으면

$$-\Delta G = IV \times \frac{860}{1,000} \text{[kcal/kg-mol]} : \text{W를 kW로, kW를 kcal로 환산한다.}$$

$$V_0 = \frac{-\Delta G \times 10^3}{I \times 860} = \frac{-\Delta G \times 10^3}{5.3603 \times 10^4 \times 860} = \frac{-\Delta G}{46,098.6} \text{[V]}$$

아래에 $V_0 = -\Delta G/nF$에서도 같은 결과가 나온다는 것을 설명한다. 이 식은 mol, W, As, J를 기준으로 하고 있으며 환산하면 다음과 같다.

⑤ 패러데이상수 : F = 아보가드로수/쿨롱

$$F = 9.64853 \times 10^4 [C/mol] = 9.64853 \times 10^7 [C/kg\text{-}mol]$$

⑥ 전류 : $I = 2 \times 9.64853 \times 10^7 = 1.9297 \times 10^8 [As/kg\text{-}mol]$

⑦ 이론전압 : $V_0 = -\Delta G/nF$

자유에너지가 kcal/kg-mol로 표시된 경우는 전압을 계산하기 위해서는 IV = Ws = Js 관계에서 kcal를 J로 환산할 필요가 있다.

$$-\Delta G \frac{3,600}{860} \times 1,000$$

(kcal를 kJ로 환산) (kJ를 J로 환산)

$$V_0 = \frac{-\Delta G \times 3,600 \times 10^3}{860 \times (2 \times 9.64853 \times 10^7)} = \frac{-\Delta G}{4.60986 \times 10^4}$$

위의 식을 사용하여 각 연료전지의 반응열, 자유에너지, 이론전압을 계산한 결과를 [표 2.1]에 나타냈다.

[표 2.1] 반응열, 자유에너지, 이론전압

온도 [℃]	반응열 [kcal/kg-mol]	자유에너지 [kcal/kg-mol]	이론전압 [V]	비고
25	−57,797.9	−54,635.6	1.1852	−
60	−57,880.5	−54,259.7	1.1770	(PEFC)
70	−57,904.1	−54,150.6	1.1747	(PEFC)
200	−58,204.5	−52,677.5	1.1427	(PAFC)
650	−59,106.8	−47,066.6	1.0210	(MCFC)
700	−59,189.8	−46,412.3	1.0068	(LT SOFC)
800	−59,344.4	−45,091.4	0.9782	(LT SOFC)
1,000	−59,609.3	−42,411.0	0.9200	(SOFC)

▣ 1.5 셀의 운전전압과 네른스트 손실

이상으로부터 셀의 이론발전효율은 $\eta_g = -\Delta G / - \Delta H$가 된다. 그러나 이것은 셀에서 이론전압이 나왔을 때이고 실용적으로는 많은 손실이 있어 운전전압은 훨씬 낮아진다. 운전전압이 이론전압보다 낮아지는 요인은 많지만 예를 들면 다음과 같다.

① 내부저항(R_{IR}) : 전자도전저항, 이온도전저항

셀을 구성하는 내부재료에는 전기나 이온이 흐르는데 거기에는 저항이 있어 일부가 열로 변환된다.

② 캐소드 반응저항(R_C) : 전극재료의 물성, 전극면적, 전극의 전해질에 의한 젖음상태, 확산저항(농도차)

발전반응은 3상계면상에서 일어나는데 공급한 가스분자는 그 흐름의 중심에서 우선 전해질 표면까지 이동하고 거기에서 전해질 내에 용해되어, 다시 전극표면까지 이동해야 한다. 이동하기 위해서는 농도차가 필요하며 확산저항이 존재하게 된다. 당연히 반응면에서의 반응물질의 농도는 그 흐름의 중심보다 낮게 된다. 반응면까지 도달한 것이라도 반응면적, 촉매의 활성, 그 외 반응 자체에 관한 과전압이 존재한다. 이것은 모두 반응속도가 빠를수록, 즉 전류가 클수록 저항이 커진다.

③ 애노드 반응저항(R_A)

애노드에서도 동일한 반응이 일어난다.

④ 이론전압은 계산식에서 알 수 있듯이 순수한 수소와 순수한 산소가 반응했을 때의 전압이다. 그러나 실제로 공급되는 가스는 순수한 것이 아닌 경우가 많다. 특히 캐소드는 공기가 공급되는 경우가 대부분이므로 그 순도에 따른 손실이 발생한다. 즉,

$$\frac{RT}{2F} \ln\left(\frac{\text{운전상태의 가스분압}}{\text{기준상태의 가스분압}}\right)$$만큼 기준상태에 대해 전압이 낮아진다.

이것을 네른스트 손실이라 부른다.

[네른스트의 식]

$$\text{PEFC} : V = V_0 + \frac{RT}{2F} \ln\left(\frac{P_{H2} \times P_{O2}^{0.5}}{P_{H2O}}\right)$$

$$\text{MCFC} : V = V_0 + \frac{RT}{2F} \ln\left(\frac{P_{H2}}{P_{H2O} \times (P_{CO2})_A}(P_{CO2})_C \times P_{O2}^{0.5}\right)$$

$$= V_0 + \frac{RT}{2F} \ln\left(\frac{P_{H2}}{P_{H2O} \times (P_{CO2})_A}\right) + \frac{RT}{2F} \ln((P_{CO2})_C \times P_{O2}^{0.5})$$

$(P_{CO_2})_A$: 애노드에서의 CO_2 분압

$(P_{CO_2})_C$: 캐소드에서의 CO_2 분압

⑤ 따라서 운전전압은 다음과 같은 식으로 나타낼 수 있다. 식에서는 네른스트 손실 자체의 값이 마이너스로 되어 있다. 다양한 저항들 중 어느 저항을 식의 어디에 넣을 것인지는 식의 정리 방법에 따른다. 각각의 항목은 각 연료전지 제조사마다 실험데이터에 의해 증명된 고유의 실험식이 있다.

$$V = V_0 + \text{Nernst Loss} - (R_{IR} + R_C + R_A)I$$

⑥ 셀은 사용할수록 운전전압이 낮아진다. 이것은 기본적으로 어떤 저항요인 중 하나가 증가한다는 것을 나타내므로 운전전압과 이론전압의 차이를 만드는 요인은 사용하는 중에 셀이 취약해지는 요인과 기본적으로 같다.

㉠ PEFC에서는 셀의 취약화 요인이 완전히 알려진 것은 아니지만 다음과 같은 요인이 지적되고 있다.

- 수분관리 : 캐소드, 애노드 가스의 가습이 상대습도 100%일 때가 셀의 성능도 좋고 취약화도 줄어든다는 보고가 있다. 이것은 PEFC에서의 이온이 수화 프로톤으로서 이동하는 것과 관련된다. 위의 식에서는 내부저항의 증가에 해당한다. 단, 수분이 너무 많으면 가스의 확산을 저해하여 반대로 취약화를 가속시킨다.

- 전극, 전해질 등의 셀 구성요소는 가스나 물 안의 불순물에 의해 오염되므로 그에 따른 취약화가 있다. 또한 전극의 촉매는 시간이 지나면 응집하여 반응면적이 감소한다. 이들은 반응저항을 증가시킨다.

- 전해질은 고분자이므로 안정적으로 보이지만 역시 분해 등 구조적인 변화가 일어난다. 이것은 내부저항을 증가시킨다.

㉡ MCFC의 경우는 아래에 나타내는 것처럼 취약화 요인을 상당히 밝혔지만 이것에 모두 대응할 수 있는 기술 수준에 이르지는 못했다.

- 전해질의 손실 : MCFC는 액체전해질이므로 전해질의 손실이 취약화의 가장 큰 원인이다. 전해질이 손실되는 원인은 부식(세퍼레이터와의 반응), creepage(외부로 스며나옴), 휘산 등에 의해 전해질이 감소되면 이온도전 저항이 증가하고 부식층은 내부저항의 증가로 이어진다. 또한 전극에서의 전해질의 감소는 3상계면의 감소, 즉 반응면적이 감소된다. 전해질판에서의 전해질의 감소는 가스 실(seal) 기능의 저하로도 이어지므로 가스누출도 증가한다.

- 니켈단락 : 캐소드는 산화니켈로 되어 있는데 이것이 전해질 안에 이온으로 서서히 용해되고 그것이 금속니켈로서 전해질 안에서 환원, 석출되면 최종적으로는 애노드와 캐소드의 전류가 통하게 된다. 이 상태가 심해지면 더 이상 연료전지로서 사용할 수 없게 된다. 물론 녹아나오면 캐소드가 얇아지고 결과적으로 캐소드의 변형에 따라 반응저항의 증가로도 이어진다.
- 입자의 성장 : 전해질판은 리튬알루미네이트($LiAlO_2$)의 분말로 되어 있는데 이 입자는 시간이 갈수록 성장한다. 결과적으로 표면장력의 감소에 따라 전해질의 유지력이 감소하고 전해질의 손실이 심해진다. 또한 캐소드는 산화니켈 입자, 애노드는 니켈 입자로 되어 있는데 이것도 시간이 갈수록 성장한다. 그 결과 전극의 반응면적이 감소하고 전극에서의 전해질의 유지력도 감소한다.
- 형상 변형 : 셀을 여러 개 적층한 스택은 각 요소 간의 접촉저항을 감소시키기 위해 강한 힘으로 조여 있는데, 그 결과 각 요소들은 압축 크리프 변형을 일으켜 형상이 변화한다. 균일한 변형이라면 비교적 영향이 적겠지만 불균일한 변형은 접촉저항, 즉 내부저항을 증가시킨다.

이상은 모델적으로 표현한 것인데 실제로는 이것만으로 표현할 수 없는 복잡한 요인들이 많이 있다.

또한 운전전압을 추정하는 식으로는 ⑤에서 나타낸 식 외에 예전에 많이 이용되었던 식으로 미국 IGT(Institute of Gas Technology, 현재의 Gas Technology Institute)가 제안한 것이 있으므로 제4장(발전효율에서 본 시스템의 최적화)에서 소개한다. 여기서는 전지의 운전전압은 이론전압보다 훨씬 저하된다는 것을 알아두기 바란다.

2 스택

📖 2.1 스택의 전압

스택의 전압은 셀 전압에 적층수(N)를 곱한 것이 된다.

$$V_S = V_C \times N$$

여기서, V_S : 스택의 전압

V_C : 셀 전압

N : 적층수

📖 2.2 스택의 전류

하나의 스택 내에서는 통상적으로 모든 셀을 직렬로 연결하고 있기 때문에 스택의 전류는 셀의 전류와 같다.

$$I_S = I_C$$

여기서, I_S : 스택의 전류

I_C : 셀의 전류

이 전류(I_S)를 셀의 유효전극면적(A_C)으로 나눈 것을 전류밀도(i)라 한다.

$$i = I_S / A_C [A/cm^2]$$

📖 2.3 전압–전류 특성

[그림 2.1]에 셀의 전압–전류 특성의 예를 나타냈다.

전류를 높이면 셀의 전압은 내려간다. 이것은 전압 저하요인 중 전류비례가 증가하기 때문이다. 그러나 구배가 비교적 완만하므로 전류를 높이면 출력($V \times I$)이 높아진다.

그림의 BOL은 Beginning Of Life(초기성능)를, EOL은 End Of Life(최종성능)를 나타낸다.

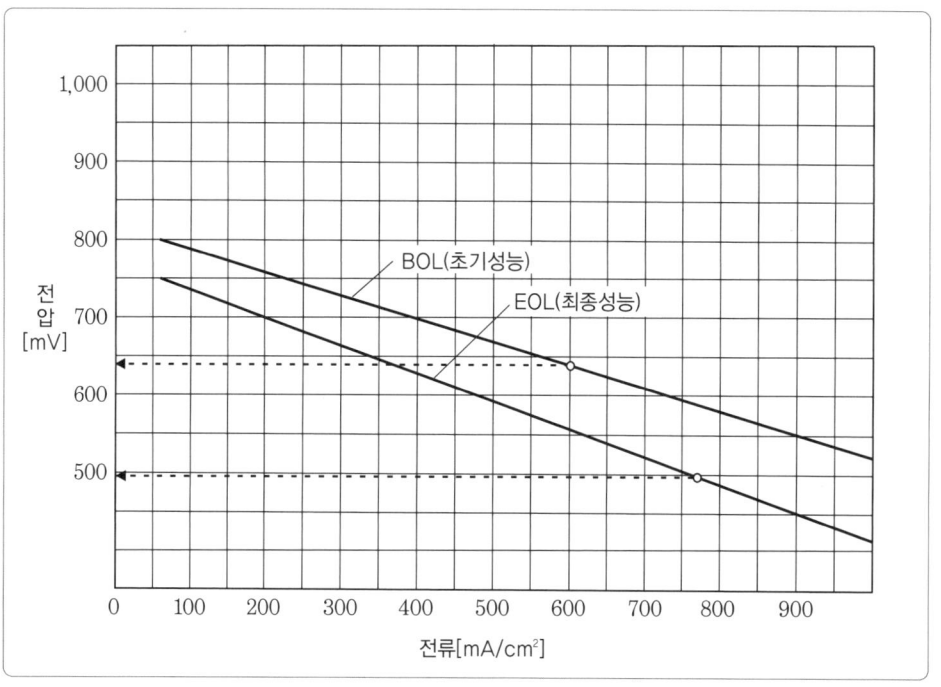

[그림 2.1] 전압－전류 특성

스택의 전압이 약해지면 같은 출력을 내기 위해 전류를 크게 할 필요가 있다. 전류가 커진다는 것은 발전반응에 필요한 수소량이 증가한다는 것이며 더 큰 연료공급능력이 필요하다는 것이다. 당연히 그에 따라 산소, 즉 공급공기량도 증가한다.

전압이 내려간다는 것은 스택에 공급한 연료의 에너지 중 전기로 바뀌는 비율이 줄고 열로 바뀌는 비율이 늘어난다는 것을 의미하므로 더 큰 스택의 냉각능력이 필요해진다. MCFC와 같이 스택을 가스로 냉각하는 경우는 스택의 전압저하가 냉각공기의 증가, 즉 보조기계 동력의 증가로 이어져 직·간접 면에서 발전효율을 저하시킨다.

물론 전압이 저하되어도 출력을 유지하려고 하면 그만큼 큰 설비능력이 필요하다. 설비능력이 커진다는 것은 설비비용의 증가로 이어진다.

2.4 이론연료 필요량

발전반응에서는 전류와 연료소비량이 1 : 1로 비례하므로 전류가 정해지면 다음 식으로 이론연료 소비량(F_{FTH})을 계산할 수 있다.

$$F_{FTH} = \frac{IN}{53,603} \text{ [kg-mol/h]} = \frac{IN}{2,391.5} \text{ [Nm}^3\text{/h]}$$

여기서, I : 전류[A]

N : 셀 적층수

2.5 연료이용률

연료이용률(U_f)은 발전반응에 필요한 이론수소량과 실제로 스택에 공급하는 수소 유량의 비이다.

$$U_f = \frac{F_{FTH}}{F_F}$$

여기서, F_{FTH} : 이론수소량 또는 실제로 발전반응에 사용된 수소량

F_F : 실제로 스택에 공급된 수소량

PEFC의 분야에서는 반대로 이론수소량의 몇 배를 스택에 공급할 것인가를 스토이크(S_t : Stoichiometry : 화학양론)라는 표현으로 하기도 한다($F_F = F_{FTH} \times S_t$).

2.6 발전반응에 의한 가스 조성의 변화

아래에 스택에 공급한 가스가 발전반응에 의해 스택의 출구에서 어떻게 변화하는 지를 나타냈다.

① PEFC

발전반응에 의해 생성되는 가스는 캐소드 측으로 나온다. 수소를 애노드에, 공기를 캐소드에 공급하는 경우의 예를 나타냈다.

$$(\text{H}_2 = 2\text{H}^+ + 2\text{e})$$

$FI_{H_2} \rightarrow$ [애노드] $\rightarrow FO_{H_2}$

$FI_{AIR} \rightarrow$ [캐소드] $\rightarrow FO_{AIR}$

$$\left(2\text{H}^+ + \frac{1}{2}\text{O}_2 + 2\text{e} = \text{H}_2\text{O}\right)$$

$FI_{H_2}=10[Nm^3/h]$, $U_f=80\%$라 가정하면,

$$FO_{H_2}=2[Nm^3/h]$$

가 된다.

$U_{O_2}=50\%$ $(=0.5)$라 가정하면,

$FI_{O_2}=8[Nm^3/h]$가 된다.

$(8H_2+4O_2=8H_2O,\ 4O_2/U_{O_2}=8Nm^3/h)$.

공기의 조성을 다음과 같이 가정하면 캐소드 입구의 공기량 FI_{AIR}은 다음과 같이 된다.

$$N_2 : 78.2\% \qquad \frac{8}{0.208} \times 0.782 = 30.08[Nm^3/h]$$

$$O_2 : 20.8\% \qquad \frac{8}{0.208} \times 0.208 = 8[Nm^3/h]$$

$$H_2O : 1.0\% \qquad \frac{8}{0.208} \times 0.01 = 0.38[Nm^3/h]$$

또한 캐소드 출구의 공기량 FO_{AIR}은 다음과 같이 된다.

$$N_2 = 30.08[Nm^3/h]$$

$$O_2 = 8 - 4 = 4.0[Nm^3/h]$$

$$H_2O = 0.38 + 8 = 8.38[Nm^3/h]$$

② MCFC

발전반응에 의해 생성되는 가스는 애노드 측으로 나온다. 애노드에 수소를, 캐소드에 공기와 CO_2의 혼합가스를 공급하는 예를 나타냈다.

$FI_{H_2}=10[Nm^3/h]$, $U_f=80\%$라 가정하면, 애노드 출구의 가스 조성은 다음과 같다.

$$FO_{H_2} : H_2 = 2[Nm^3/h]$$

$$H_2O = 8[Nm^3/h]$$

$$CO_2 = 8[Nm^3/h]$$

U_{O_2} = 50%라 가정하면 입구에서의 산소량은 다음과 같다.

FI_{O_2} = 8[Nm³/h]

$$(8CO_2 + 4O_2 + 16e = 8CO_3{}^{2-}, \; 4O_2/U_{O_2} = 8Nm^3/h)$$

U_{CO_2} = 50%라 가정하면 입구에서의 CO_2는 다음과 같다.

FI_{CO_2} = 16[Nm³/h]

$$(8CO_2 + 4O_2 + 16e = 8CO_3{}^{2-}, \; 8CO_2/U_{O_2} = 16Nm^3/h)$$

MCFC의 경우 캐소드 입구에는 O_2뿐 아니라 반드시 CO_2가 필요하다. 공기의 조성을 PEFC의 경우와 동일하게 하면 캐소드 입구의 가스 조성은 다음과 같다. CO_2가 들어간 부분이 PEFC와 다르다.

N_2 : 78.2% $\dfrac{8}{0.208} \times 0.782 = 30.08[Nm^3/h]$

O_2 : 20.8% $\dfrac{8}{0.208} \times 0.208 = 8[Nm^3/h]$

H_2O : 1.0% $\dfrac{8}{0.208} \times 0.01 = 0.38[Nm^3/h]$

CO_2 : 16[Nm³/h]

또한 캐소드 출구의 가스 조성 FO_{AIR}는 다음과 같다.

N_2 = 30.08[Nm³/h]
O_2 = 4[Nm³/h]
CO_2 = 8[Nm³/h]
H_2O = 0.38[Nm³/h]

3 발전효율

📶 3.1 발전단효율

[그림 2.2]에 연료전지 발전시스템의 발전단효율에 관여하는 요인을 나타냈다. 발전단효율은 다음 식처럼 비교적 간단한 식으로 나타낼 수 있다.

$$\eta_g = \frac{\Delta G_{H_2} \times 4}{\Delta H_{CH_4}} \times \eta_{ref} \times U_f \times \frac{V}{V_0} \times \eta_{inv}$$

위의 식은 메탄을 연료로 공급하고 개질기로 개질하여 개질가스를 연료전지의 애노드에 공급하는 경우이다.

메탄의 반응열(ΔH_{CH_4})은 공급하는 온도에서의 반응열, 수소의 자유에너지(ΔG_{H_2})는 셀의 운전온도에서의 자유에너지이다. 메탄의 개질반응, 시프트 반응의 결과로서

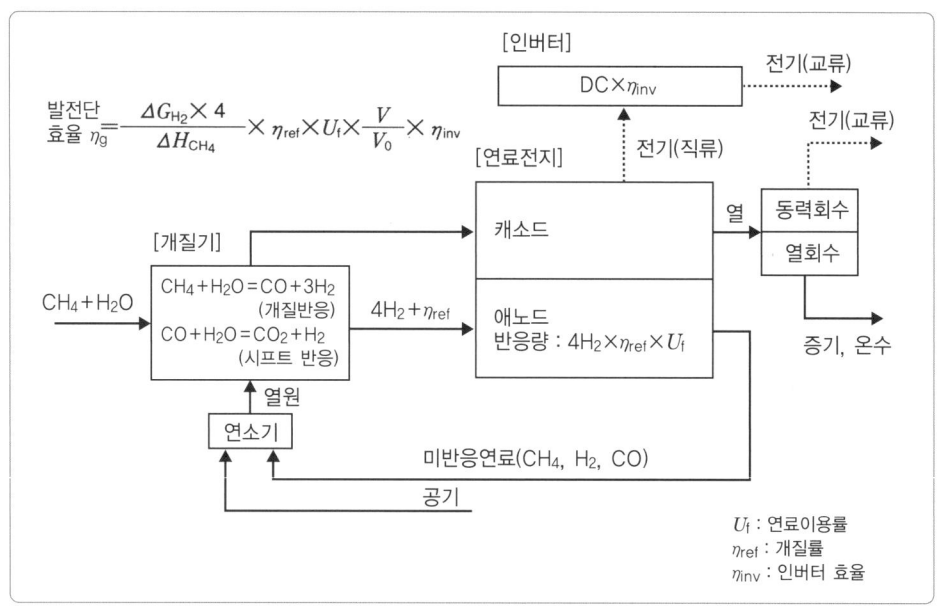

[그림 2.2] 연료전지 발전시스템의 발전단효율

$CH_4 + 2H_2O = CO_2 + 4H_2$의 반응에 따라 이론적으로는 1개의 메탄에서 4개의 수소가 생성된다. 개질률(η_{ref})은 공급한 메탄 중 개질된 것의 비율을 나타내며, 연료처리시스템이나 프로세스 조건에 따라 상당히 다르지만 이론평형에 가까우므로 조건이 결정된 것에 대해서는 높은 정밀도로 계산할 수 있다. 이론전압은 셀의 운전온도에서의 것이며, 물론 운전전압은 실제 운전조건에서의 전압을 가리킨다.

참고로 데이터의 예를 나타냈다([표 2.1] 참조).

ΔH_{CH_4}(메탄의 반응열) : $-191,759$kcal/kg-mol(LHV, 25℃)

ΔG_{H_2}(수소의 자유에너지) : $-54,150.6$kcal/kg-mol(70℃)

  : $-47,066.6$kcal/kg-mol(650℃)

V_0(이론전압) : 1.175V(70℃)

  : 1.021V(650℃)

V(운전전압) : 0.6~0.85V

  (예) PEFC : 0.6~0.7V, MCFC : 0.65~0.8V)

U_f : 연료이용률 0.65~0.85

η_{inv} : 인버터 효율 0.9~0.95

η_{ref} : 개질률 0.9~1.0

▣ 3.2 효율의 향상

연료전지 자체에서는 공급된 화학에너지의 절반이 전기로 바뀌는데 나머지 절반은 열이 되어 버린다. 이 열을 어떻게 유용하게 이용할 것인지가 연료전지 발전시스템의 포인트가 된다.

PEFC는 운전온도가 60~80℃로 낮기 때문에 배열은 온수로서 회수할 수밖에 없다. 그러나 가정에서 사용하는 열의 대부분은 40~50℃이므로 가정용 연료전지 발전시스템이 실현되면 코제너레이션(열병합발전) 시스템으로서 높은 종합 열효율로 운전하는 것이 가능하다.

MCFC 등의 고온형 연료전지의 경우는 배기온도가 높기 때문에 이 배기를 이용하여 증기를 회수하거나, 가스터빈으로 동력회수를 하여 발전효율을 더 높일 수 있다.

즉, 연료전지 발전의 배열은 코제너레이션으로 사용하는 방법과 가스터빈과의 하이브리드에 의해 발전효율을 더 높이는 방법이 있다.

4 연료전지 발전시스템

　　여기서는 연료전지 발전시스템의 열·물질수지 계산에 대해 설명한다. 우선 각 구성기기의 계산방법에 대해 소개하고, 시스템의 열·물질수지에 대해 소개한다.

　　여기서 하는 계산은 손으로 하기에는 시간이 많이 걸리기 때문에 사실 컴퓨터를 사용하는 것이 실용적이다. 이들을 계산하기 위한 범용 프로그램이 다양하게 있지만 고가인 것도 많으므로 이 장 뒤에 엑셀을 사용한 계산방법에 대한 예를 소개한다.

4.1 열교환기

　　열교환기의 계산은 비열의 식만 있으면 계산할 수 있다.

　　[표 2.2]에 비열의 데이터를, [표 2.3]에 적분한 식을 나타냈으므로 T에 절대온도를 넣으면 계산할 수 있다.

[표 2.2] 비열의 데이터

비열의 식 : $C_p = a + bT + cT^2 + dT^3 [\text{kcal/kg-mol} \cdot \text{K}]$

	a	b $(\times 10^{-2})$	c $(\times 10^{-5})$	d $(\times 10^{-9})$
CH_4	4.750	1.200	0.303	− 2.630
C_2H_6	1.648	4.124	− 1.530	1.740
C_3H_8	− 0.966	7.279	− 3.755	7.580
nC_4H_{10}	0.945	8.873	− 4.380	8.360
iC_4H_{10}	− 1.890	9.936	− 5.495	11.920
nC_5H_{12}	1.618	10.85	− 5.365	10.100
N_2	6.903	− 0.03753	0.193	− 0.6861
O_2	6.085	0.3631	− 0.1709	0.3133
H_2	6.952	− 0.04576	0.09563	− 0.2079
CO	6.726	0.04001	0.1283	− 0.5307
CO_2	5.316	1.4285	− 0.8362	1.784
H_2O	7.700	0.04594	0.2521	− 0.8587

[출처] K. A. Kobe, et al : Thermochemistry for the Petrochemical Industry, Petroleum Refiner, 1949-1950

[표 2.3] 가스의 현열의 식

$$H_{CH_4} = 4.75T + 6 \times 10^{-3}T^2 + 1.01 \times 10^{-6}T^3 - 6.575 \times 10^{-10}T^4$$

$$H_{C_2H_6} = 1.648T + 2.062 \times 10^{-2}T^2 - 5.1 \times 10^{-6}T^3 + 4.35 \times 10^{-10}T^4$$

$$H_{C_3H_8} = -0.966T + 3.6395 \times 10^{-2}T^2 - 1.2517 \times 10^{-5}T^3 + 1.895 \times 10^{-9}T^4$$

$$H_{NC_4H_{10}} = 0.945T + 4.4365 \times 10^{-2}T^2 - 1.46 \times 10^{-5}T^3 + 2.09 \times 10^{-9}T^4$$

$$H_{IC_4H_{10}} = -1.89T + 4.968 \times 10^{-2}T^2 - 1.8317 \times 10^{-5}T^3 + 2.98 \times 10^{-9}T^4$$

$$H_{C_5H_{12}} = 1.618T + 5.425 \times 10^{-2}T^2 - 1.7883 \times 10^{-5}T^3 + 2.525 \times 10^{-9}T^4$$

$$H_{N_2} = 6.903T - 1.8765 \times 10^{-4}T^2 + 6.4333 \times 10^{-7}T^3 - 1.7153 \times 10^{-10}T^4$$

$$H_{H_2O} = 7.7T + 2.297 \times 10^{-4}T^2 + 8.4033 \times 10^{-7}T^3 - 2.1468 \times 10^{-10}T^4$$

$$H_{H_2} = 6.952T - 2.288 \times 10^{-4}T^2 + 3.1877 \times 10^{-7}T^3 - 5.1975 \times 10^{-11}T^4$$

$$H_{CO} = 6.726T + 2.0005 \times 10^{-4}T^2 + 4.2767 \times 10^{-7}T^3 - 1.3268 \times 10^{-10}T^4$$

$$H_{CO_2} = 5.316T + 7.1425 \times 10^{-3}T^2 - 2.7873 \times 10^{-6}T^3 + 4.46 \times 10^{-10}T^4$$

$$H_{O_2} = 6.085T + 1.8155 \times 10^{-3}T^2 - 5.6967 \times 10^{-7}T^3 + 7.8325 \times 10^{-11}T^4$$

고온 측 유체나 저온 측 유체 중 하나가 가스의 조성, 유량과 동시에 그 유체의 온도변화 즉 열교환기의 입구, 출구온도를 알고 있을 것이므로 우선 열량을 구한다.

조성, 유량을 [표 2.4]로 하고, 열교환 조건을 [그림 2.3]으로 한다. 저온 측 유체(개질원료)의 열교환기 입구온도를 200℃, 출구온도를 700℃로 하면 가스의 현열의 식의 T에 $700 + 273.15 = 973.15$를 넣어 엔탈피를 계산한다. 그런 다음 같은 식의 T에 473.15를 넣어 계산한다. 그 차이에 유량을 곱하면 산출할 수 있다.

메탄의 경우 가스의 현열의 식은 다음과 같다.

$$H_{CH_4} = 4.75T + 6 \times 10^{-3}T^2 + 1.01 \times 10^{-6}T^3 - 6.575 \times 10^{-10}T^4$$

[표 2.4] 가스 조성

개질원료		개질가스	
CH_4	90kg-mol/h	CH_4	4 kg-mol/h
C_2H_6	5	H_2	373
C_3H_8	3	CO	62
nC_4H_{10}	1	CO_2	51
iC_4H_{10}	1		
H_2O	351	H_2O	187
합계	451kg-mol/h		677kg-mol/h

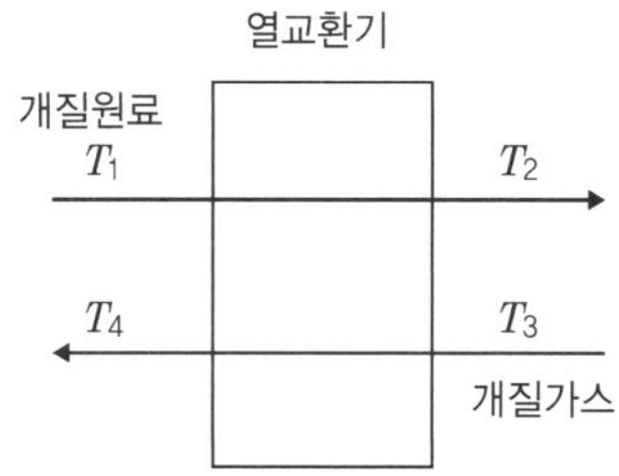

열교환기

개질원료
T_1 → → T_2

T_4 ← ← T_3
개질가스

$T_1 : 200℃, \quad T_2 : 700℃, \quad T_3 : 750℃$

[그림 2.3] 열교환기의 계산 예

따라서 200℃에서 700℃까지 높이는 데 필요한 열량은 다음과 같다.

$$H_{CH_4}(973.15) = 4,622.5 + 5,682.1 + 930.8 - 589.7$$
$$= 10,645.7[kcal/kg\text{-}mol]$$
$$H_{CH_4}(473.15) = 2,247.5 + 1,343.2 + 107.0 - 33.0 = 3,664.7[kcal/kg\text{-}mol]$$
$$Q_{CH_4} = (H_{CH_4}(973.15) - H_{CH_4}(473.15)) \times 90 = 628,290[kcal/h]$$

이 방법으로 모든 조성에 대해 계산하여 열량의 합을 산출한다.

$$Q_L = Q_{CH_4} + Q_{C_2H_6} + Q_{C_3H_8} + Q_{NC_4H_{10}} + Q_{IC_4H_{10}} + Q_{H_2O}$$
$$= 628,290 + 59,719 + 51,693 + 22,416 + 22,564 + 1,586,436$$
$$= 2,371,118[kcal/h]$$

여기서, Q_{CH_4} : 메탄의 교환열량

Q_{C2H6} : 에탄의 교환열량

Q_{C3H8} : 프로판의 교환열량

Q_{NCH4} : 노르말부탄의 교환열량

Q_{IC_4H} : 이소부탄의 교환열량

Q_{H2O} : 수증기의 교환열량

Q_L이 열교환기의 교환열량이 된다.

한편, 이만큼의 열량을 줄 수 있는 고온 측의 가스가 필요하며 개질기를 나온 직후의 개질가스도 그 중 하나이다. 개질가스의 열교환기 입구온도는 [그림 2.3]에 나와 있듯이 750℃로 한다. 고온 측은 열교환기 출구온도가 교환열량과 일치하도록 반복하여 계산할 필요가 있다. 고온 측 유체는 저온 측 유체에 Q_L을 주고 열손실을 고려하여 적어도 출구가 200℃ 이상이어야 한다.

물론 전열면적도 만족해야 한다. 열·물질수지는 통상적으로 하드(hard)설계에 앞서 이루어지므로 열·물질수지가 요구 (+)되지만 당연히 이 단계에서 경제성도 중요하므로 적절한 열교환 온도차가 되어야 한다.

열손실을 고려하지 않은 조건으로 생각하면 우선 고온 측 유체(개질가스)의 임시 출구온도를 정한다. 몇 도라도 상관없지만 계산의 횟수를 줄이기 위해서는 가까운 값이 되도록 예를 들면, 몰수와 온도차의 곱이 같아지는 곳에서 시작하는 등의 방법을 생각해보는 것이 좋다.

여기서는 $T = 340[℃] = 613.15[K]$에서부터 해보면

$$Q_H = Q_{CH_4} + Q_{H_2} + Q_{CO} + Q_{CO_2} + Q_{H_2O}$$
$$= 24,777 + 1,087,352 + 193,732 + 257,763 + 712,943$$
$$= 2,276,567 [kcal/h]$$

가 되어 $Q_H < Q_L$로 열량이 약간 부족하다.

그러므로 이번에는 $T = 320[℃] = 593.15[K]$로 계산해보면

$$Q_H = 25,778 + 1,139,411 + 202,805 + 269,270 + 745,502$$
$$= 2,382,766 [kcal/h]$$

가 되어 상당히 가까운 값이지만 이번에는 $Q_H > Q_L$이 되었다.

이번에는 $T = 322[℃] = 595.15[K]$라 하면

$$Q_H = 25,678 + 1,134,208 + 201,900 + 268,125 + 742,255$$
$$= 2,372,166 [kcal/h]$$

가 되어 거의 일치한다. 따라서 열손실이 없으면 고온 측 유체의 출구온도는 약 322℃인 것이다.

이상은 계산순서를 나타낸 것인데 실제로는 손으로 계산하지 않고 프로그램으로 하게 된다.

▣ 4.2 연소기

연료전지 관련에서 연소계산을 하는 것은 개질기의 열원으로서 애노드 배기 또는 연료를, 공기 또는 캐소드 배기로 연소하는 경우가 있다. 이 경우는 완전연소가 된다.

한편, 고체고분자형 연료전지(PEFC)에서는 개질에 촉매부분산화(Catalytic Partial Oxidation) 또는 자열반응기(Auto thermal Reactor)라 불리는 연료처리 프로세스를 사용하는 부분이 많다. 이것은 부분산화법과 수증기 개질을 조합한 방법으로 물론 불완전연소이다.

통상적으로 수증기 개질을 조합한 방법은 연소라기보다 개질기 반응으로 생각할 수 있다. 연소기의 계산 예를 [그림 2.4]에 나타냈다.

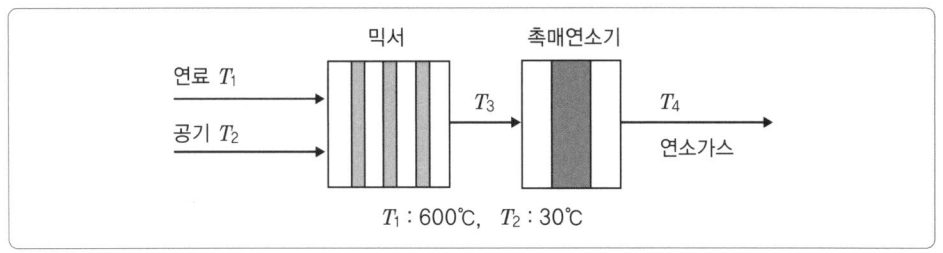

[그림 2.4] 연소기의 계산 예

[표 2.5] 연료와 산화제

	연료 [kg-mol/h]	공기 [kg-mol/h]	혼합가스 [kg-mol/h]	연소가스 [kg-mol/h]
CH_4	6		6	0
CO_2	4		4	10
N_2		78.2	78.2	78.2
O_2		20.8	20.8	8.8
H_2O		1	1	13
합계	10	100	110	110

[표 2.5]에 연소의 계산 예로 연료, 산화제(공기), 혼합가스, 연소가스의 각 성분의 유량을 나타냈다.

우선 연료가스와 산화제를 혼합한 가스의 유량, 조성을 구한다.

[그림 2.4]와 같이 연료는 600℃로, 공기는 30℃로 공급되었다고 하면 이 두 유체가 혼합했을 때의 온도를 구한다. 기준온도를 $T_0 = 0℃ = 273.15K$로 하고 연료가스가 가지고 있는 현열을 구한다. 이것은 열교환기에서 한 것과 동일하다.

[표 2.3]의 메탄의 엔탈피 식에 $T = 600℃ + 273.15 = 873.15K$를 넣어 $H_{CH_4}(873.15)$를 산출한다. 그런 다음 273.15K를 넣어 $H_{CH_4}(273.15)$를 산출하여 그 차이에 유량을 곱하면 0℃에서 750℃까지의 메탄의 현열(Q_{CH_4})이 구해진다.

$$H_{CH_4} = 4.75T + 6 \times 10^{-3}T^2 + 1.01 \times 10^{-6}T^3 - 6.575 \times 10^{-10}T^4$$

$$H_{CH_4}(873.15) = 4,147.463 + 4,574.346 + 672.338 - 382.165 = 9,011.982$$

$$H_{CH_4}(273.15) = 1,297.463 + 447.666 + 20.584 - 3.660 = 1,762.053$$

$$Q_{CH_4} = [H_{CH_4}(873.15) - H_{CH_4}(273.15)] \times 6$$

$$= (9,011.982 - 1,762.053) \times 6 = 7,249.929 \times 6$$

$$= 43,499.574[kcal/h]$$

마찬가지로 CO_2에 대해 Q_{CO_2}를 구하여 그것을 더하면 되는 것이다. 기준온도에 대한 연료가스가 가진 현열은

$$Q_F = Q_{CH_4} + Q_{CO_2} = 43,499.6 + 26,240.7 = 69,740.3[kcal/h]$$

가 된다. 똑같은 방법으로 공기가 가진 현열 Q_{AIR}을 구한다.

$$Q_{AIR} = Q_{N_2} + Q_{O_2} + Q_{H_2O} = 16,278.4 + 4,366.0 + 240.6$$
$$= 20,885.0[kcal/h]$$

따라서, 혼합가스가 가진 현열은

$$Q_{MIX} = Q_F + Q_{AIR} = 69,740.3 + 20,885.0 = 90,625.3[kcal/h]$$

가 된다.

$$Q_{MIX} = [H_{CH_4}(T) - H_{CH_4}(273.15)] \times 6 + [H_{CO_2}(T) - H_{CO_2}(273.15)]$$
$$\times 4 [H_{N_2}(T) - H_{N_2}(273.15)] \times 78.2 + [H_{O_2}(T) - H_{O_2}(273.15)]$$
$$\times 20.8 + [H_{H_2O}(T) - H_{H_2O}(273.15)] \times 1 = 90,625.3$$

을 만족하는 T를 구하면 그것이 혼합 후의 온도(T_3)이고, 연소의 기준온도(T_C)가 된다. 이 경우의 온도는 $T_3 = T_C = 115℃ = 388.15K$이다.

다음으로 산화반응 후의 조성을 계산한다.

연소는 $CH_4 + 2O_2 = CO_2 + 2H_2O$라는 반응뿐이다. 따라서 메탄은 반응에 의해 없어지고, 산소는 메탄 반응량의 2배 양만큼 감소하고, CO_2는 메탄이 줄어든 것과 같은 양만큼 늘고, H_2O는 메탄이 줄어든 양의 2배만큼 늘어나게 된다. 이 시점에서 어떤 성분의 가스가 어느 정도 연소했는지를 알 수 있으므로 연소반응열을 구한다. 이번에는 메탄이 6kg-mol/h 반응한다.

연소열은 [표 2.6]의 식을 사용한다. 메탄의 연소열은 다음과 같다.

$$HC_{C_1} = -192,688.01 + 3.796T - 2.029 \times 10^{-3}T^2 - 9.7733 \times 10^{-7}T^3$$
$$+ 5.175 \times 10^{-10}T^4$$

여기에 $T_C = 115 + 273.15 = 388.15$를 넣으면 연소열이 나온다.

$$HC_{C_1} = -192,688.01 + 1,473.417 - 305.690 - 57.153 + 11.747$$
$$= -191,565.689[kcal/kg-mol]$$이 된다. 따라서, 연소열은 다음과 같다.
$$Q_C = -191,565.69 \times 6 = -1,149,394.1[kcal/h] \text{ (발열반응)}$$

[표 2.6] 연소열을 구하는 식

$[CH_4 + 2O_2 = CO_2 + 2H_2O]$

$HC_{C1} = -192,688.01 + 3.796T - 2.029 \times 10^{-3}T^2 - 9.7733 \times 10^{-7}T^3 + 5.175 \times 10^{-10}T^4$

$[C_2H_6 + 3.5O_2 = 2CO_2 + 3H_2O]$

$HC_{C2} = -343,514.41 + 10.7865T - 1.2 \times 10^{-2}T^2 + 4.0403 \times 10^{-6}T^3 - 4.6118 \times 10^{-10}T^4$

$[C_3H_8 + 5O_2 = 3CO_2 + 4H_2O]$

$HC_{C3} = -491,886.49 + 17.289T - 2.3126 \times 10^{-2}T^2 + 1.0364 \times 10^{-5}T^3 - 1.8073 \times 10^{-9}T^4$

$[nC_4H_{10} + 6.5O_2 = 4CO_2 + 5H_2O]$

$HC_{NC4} = -639,063.79 + 19.2665T - 2.6448 \times 10^{-2}T^2 + 1.1355 \times 10^{-5}T^3 - 1.8885 \times 10^{-9}T^4$

$[iC_4H_{10} + 6.5O_2 = 4CO_2 + 5H_2O]$

$HC_{IC4} = -637,888.04 + 22.1015T - 3.1763 \times 10^{-2}T^2 + 1.5072 \times 10^{-5}T^3 - 2.7785 \times 10^{-9}T^4$

$[C_5H_{12} + 8O_2 = 5CO_2 + 6H_2O]$

$HC_{C5} = -786,271.07 + 22.482T - 3.1684 \times 10^{-2}T^2 + 1.3546 \times 10^{-5}T^3 - 2.2097 \times 10^{-9}T^4$

$[H_2 + \frac{1}{2}O_2 = H_2O]$

$HC_{H2} = -57,093.62 - 2.2945T - 4.4925 \times 10^{-4}T^2 + 8.0633 \times 10^{-7}T^3 - 2.0188 \times 10^{-10}T^4$

$[CO + \frac{1}{2}O_2 = CO_2]$

$HC_{CO} = -66,771.62 - 4.4525T + 6.0345 \times 10^{-3}T^2 - 2.93 \times 10^{-6}T^3 + 5.395 \times 10^{-10}T^4$

[참고문헌] • F. D. Rossini, et al : Selected Values of physical and thermodynamic properties of hydrocarbons and related compounds, 1952
• K. A. Kobe : Thermochemistry for the Petrochemical Industry, Petroleum Refiner, 1949–50

한편, 연소 후 가스의 각 성분의 열량을 알고 있으므로 연소가스의 온도상승과 연소열이 일치한 곳이 연소온도가 된다. [표 2.3]의 식을 사용하여

$$Q_C = [H_{CO_2}(T) - H_{CO_2}(388.15)] \times 10 + [H_{N_2}(T) - H_{N_2}(388.15)] \times 78.2$$
$$+ [H_{O_2}(T) - H_{O_2}(388.15)] \times 8.8 + [H_{H_2O}(T) - H_{H_2O}(388.15)] \times 13$$
$$= 1,149,394.1 \, [\text{kcal/h}]$$

을 만족하는 T를 구하면 된다. 이 연소온도는 약 1,346℃가 된다. 따라서 식에 $T=$ 1,346℃ + 273.15 = 1,619.15K를 넣으면 거의 연소열과 일치할 것이다. 115℃에서 1,346℃까지의 연소가스의 현열은 다음과 같다.

$$Q_{CO_2} + Q_{N_2} + Q_{O_2} + Q_{H_2O} = 155,796.2 + 746,963.3 + 89,130.1 + 157,216.5$$
$$= 1,149,106.1 [\text{kcal/h}]$$

실제로는 열손실도 고려할 필요가 있다.

부분산화반응의 경우 산소의 양만큼 메탄을 완전연소시켜 그 열량을 계산한 뒤, 시프트 반응의 평형에서 최종 조성에 맞추도록 한다. 그 시프트 반응열을 계산하여 합계 열량을 반응열로 하는 것이 일반적이지만, $CO + \frac{1}{2}O_2 = CO_2$는 CO_2가 CO로 되

돌아올 때의 열량과 같으므로 자열반응기에서의 반응에서 CO로 멈춰 있는 경우는 예를 들어, $CH_4 + 2O_2 = CO_2$의 반응열에서 $CO + \frac{1}{2}O_2 = CO_2$의 반응열을 빼서 $CH_4 + 1.5O_2 = CO + 2H_2O$의 반응열을 산출할 수도 있다.

어느 경우든 여기까지는 등온반응으로 계산한다. 즉 연소기 입구와 출구의 온도를 일정하다고 하고 그 조건으로 반응열을 계산한다.

▣ 4.3 개질기

[그림 2.5]에 개질기의 계산 예를 나타냈다. 이것을 참고로 개질기의 계산순서를 설명한다. [그림 2.5]에서는 원료인 천연가스와 수증기의 혼합가스를 개질가스로 예열하는 열교환기, 개질반응을 진행하는 개질기, 개질반응에 열을 부여하는 연소기로 구성된다. 통상적으로 연소기는 애노드의 배기를 공기 또는 캐소드의 배기로 연소하는 방식을 이용한다. 이 중 열교환기와 연소기의 계산방법은 앞에서 소개했으므로 여기서는 개질기 본체를 중심으로 계산방법을 설명한다.

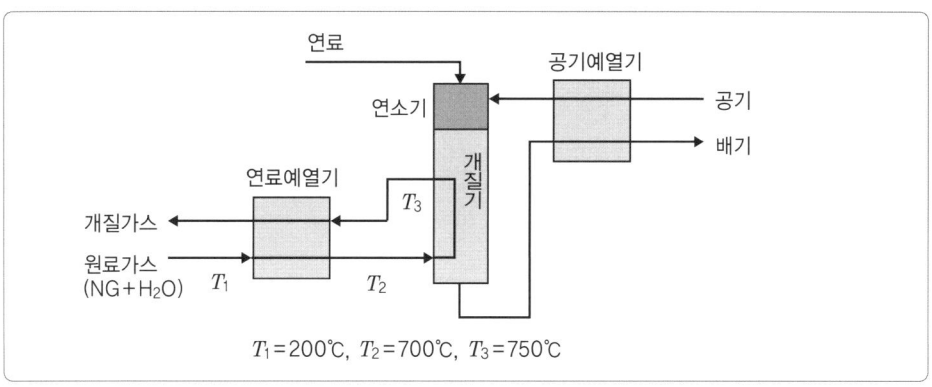

[그림 2.5] 개질기의 계산 예

[표 2.7] 천연가스 조성, 유량

천연가스의 조성[%]	유량[kg-mol/h]	개질반응식
CH_4 : 90	90	
C_2H_6 : 5	5	$C_2H_6 + 2H_2O = 2CO + 5H_2$
C_3H_8 : 3	3	$C_3H_8 + 3H_2O = 3CO + 7H_2$
nC_4H_{10} : 1	1	$C_4H_{10} + 4H_2O = 4CO + 9H_2$
iC_4H_{10} : 1	1	$C_4H_{10} + 4H_2O = 4CO + 9H_2$
합계 100	100	

① 기본반응

예를 들어 [표 2.7]에 나타낸 천연가스를 연료로 하는 경우, 우선 S/C(Steam/Carbon Ration)를 정한 다음, 다음 식에 따라 필요 증기량을 구한다. S/C는 보통 2~5의 범위이다. 표준적으로 3이지만 나프타, 등유 등 대상이 되는 연료의 분자량이 크거나 환상화합물이나 불포화탄화수소를 포함한 경우는 S/C를 크게 한다. 또한 MCFC(용융탄산염형 연료전지)의 내부개질방식의 경우는 이것을 2 정도로 낮게 하는 경우도 있다. 수증기의 양은 다음 식으로 구할 수 있다.

$$H_2O = S/C \times (CH_4 + 2C_2H_6 + 3C_3H_8 + 4nC_4H_{10} + 4iC_4H_{10})$$
$$\cdots\cdots\cdots(1)$$

S/C = 3으로 하면 $H_2O = 3(90 + 2\times5 + 3\times3 + 4\times1 + 4\times1) = 351\,[\text{kg-mol/h}]$ 가 된다.

다음으로 메탄 이외의 성분은 [표 2.7]의 개질반응식으로 개질된 상태로 하여 전체 조성, 유량을 구한다.

CH_4 :		90 [kg-mol/h]	17.82mol%
CO : $5\times2+3\times3+1\times4+1\times4=$		27 [kg-mol/h]	5.35mol%
H_2 : $5\times5+3\times7+1\times9+1\times9=$		64 [kg-mol/h]	12.67mol%
H_2O : $351-5\times2-3\times3-4\times1-4\times1=$		324 [kg-mol/h]	64.16mol%
합계 :		505 [kg-mol/h]	100mol%

② 평형계산

위의 표 안의 상태로 개질반응과 시프트 반응의 평형을 구한다.

[반응식] : $CH_4 + H_2O = CO + 3H_2$(개질반응) $\cdots\cdots\cdots\cdots\cdots\cdots(2)$

$CO + H_2O = CO_2 + H_2$(시프트 반응) $\cdots\cdots\cdots\cdots\cdots(3)$

평형상수는 다음 식으로 구할 수 있다.

$$K = \exp\left(\frac{-\Delta G}{1.9865T}\right) \qquad\qquad \cdots\cdots\cdots\cdots(4)$$

개질반응의 자유에너지는 셀의 기초이론에서 계산했을 때와 동일한 순서로 구할 수 있다. 결과는 식 (5)가 된다. 개질반응의 자유에너지의 산출순서는 이 항목의 데이터에 나타냈다.

$$\Delta G_r = 45,364.52 + 45.974T - 15.132T \times \ln(T) + 6.716 \times 10^{-3}T^2$$
$$+ 2.3318 \times 10^{-7}T^3 - 1.9453 \times 10^{-10}T^4 \qquad \cdots\cdots\cdots\cdots(5)$$

개질반응이 750℃로 일어난다고 하면 $T = 750 + 273.15 = 1,023.15$를 넣으면 되므로 개질반응의 자유에너지는 다음과 같다.

$$\Delta G_r = 45,364.52 + 47,038.3 - 107,302.3 + 7,030.6 + 249.8 - 213.2$$
$$= -7,832.4$$

$$K = \exp\left(\frac{-\Delta G}{1.9865T}\right) = 47.16$$

한편, 화학반응의 평형은 식 (6)이 된다. 기준 조성에서 X몰 반응이 진행했을 때의 평형을 계산할 수 있으므로 이 값이 자유에너지에서 계산한 평형상수와 일치하는 점을 구하면 된다. TM은 총 몰수(kg-mol/h), P는 운전압력(atm)이다.

$$K_r = \frac{P_{CO} \times P_{H2}{}^3}{P_{CH_4} \times P_{H_2O}} = \frac{(CO + X)(H_2 + 3X)^3 P^2}{(CH_4 - X)(H_2O - X)(TM + 2X)^2} \cdots\cdots\cdots\cdots(6)$$

CH₄	:	90 [kg-mol/h]
CO	:	27 [kg-mol/h]
H₂	:	64 [kg-mol/h]
H₂O	:	324 [kg-mol/h]
합계	:	505 [kg-mol/h]

원료 조성을 위의 표대로 하고 메탄이 89kg-mol/h로 반응하면 아래 표가 되는데, 이때의 평형은 운전압력을 1.2atm으로 하면 다음과 같다.

CH₄	:	1 [kg-mol/h]
CO	:	116 [kg-mol/h]
H₂	:	331 [kg-mol/h]
H₂O	:	235 [kg-mol/h]
합계	:	683 [kg-mol/h]

$$\frac{(27 + 89)(64 + 3 \times 89)^3 \times 1.2^2}{(90 - 89)(324 - 89)(505 + 2 \times 89)^2}$$

$$= \frac{116 \times 331^3 \times 1.44}{235 \times 683^2} = 55.26$$

이론적으로 계산된 $K_R = 47.17$보다 크기 때문에 반응이 진행되지 않는다. 한편, 시프트 반응의 평형도 동시에 만족해야 한다.

시프트 반응의 자유에너지는 식 (7)로 구할 수 있다.

$$\Delta G_S = -9,678 + 2.158T \times \ln T - 6.484 \times 10^{-3}T^2 + 1.8683 \times 10^{-6}T^3$$
$$- 2.4713 \times 10^{-10}T^4 - 0.9241T \quad \cdots\cdots\cdots\cdots (7)$$

750℃에서는 $\Delta G_S = -378.35$, $K_S = 1.205$가 된다.

시프트 반응의 화학평형은 식 (8)이 된다.

$$K_S = \frac{P_{CO_2} \times P_{H_2}}{P_{CO} \times P_{H_2O}} = \frac{(CO_2 + X)(H_2 + X)}{(CO - X)(H_2O - X)} \quad \cdots\cdots\cdots\cdots (8)$$

이므로 시프트 반응이 50kg-mol/h로 일어났다고 하면

$$K_S = \frac{50(331 + 50)}{(116 - 50)(235 - 50)} = \frac{50 \times 381}{66 \times 185} = 1.56$$

이 되어 반응이 조금 과진행된다. 44kg-mol/h 반응이 진행됐다고 하면
(아래 표),

$$K_S = \frac{44(331 + 44)}{(116 - 44)(235 - 44)} = \frac{44 \times 375}{72 \times 191} = 1.2$$

가 되어, 계산에서 나온 $K_S = 1.205$와 거의 일치한다.

CH_4 :	1 [kg-mol/h]
CO :	72 [kg-mol/h]
CO_2 :	44 [kg-mol/h]
H_2 :	375 [kg-mol/h]
H_2O :	191 [kg-mol/h]
합계 :	683 [kg-mol/h]

이 상태에서 다시 개질반응의 평형을 계산해보면,

$$K_R = \frac{72 \times 375^3 \times 1.2^2}{191 \times 683^2} = 61.36$$

이 되어, 계산에서 나온 $K_R = 47.17$보다 크기 때문에 메탄의 반응량은 89kg-mol/h 보다 작아야 한다. 그러나 큰 차이가 아니므로 88.5kg-mol/h 반응했다고 하고 평형을 계산해보면,

$$K_R = \frac{(72 - 0.5)(375 - 0.5 \times 3)^3 \times 1.2^2}{(1 + 0.5)(191 + 0.5)(683 - 0.5 \times 2)^2}$$

$$= \frac{71.5 \times 373.5^3 \times 1.44}{1.5 \times 191.5 \times 682^2} = 40.15$$

가 되어, 이번에는 $K_R = 47.17$보다 작아져 버렸다.

여기서, 다시 한 번 시프트 반응을 계산해보면,

$$K_S = \frac{44 \times 373.5}{71.5 \times 191.5} = 1.2$$

가 되어, $K_S = 1.205$와 큰 차이가 없으므로 메탄의 반응량은 88.75kg-mol/h 전후로 추정된다. 계산순서의 설명이므로 여기서는 확인 계산은 하지 않는다.

위와 같이 개질반응의 평형과 시프트 반응의 평형이 동시에 만족되는 조건을 찾는다. 개략적인 개질가스의 조성은 다음과 같다.

CH_4 :	1.25 [kg-mol/h]
CO :	71.75 [kg-mol/h]
H_2 :	374.25 [kg-mol/h]
CO_2 :	44 [kg-mol/h]
H_2O :	191.25 [kg-mol/h]
합계 :	682.5 [kg-mol/h]

즉, 개질기의 운전온도와 운전압력이 정해지면 개질반응과 시프트 반응의 화학평형을 동시에 만족하는 조성이 이론적인 개질가스 조성이 된다.

실제 개질가스 조성과 이론가스 조성의 차이를 온도 접근(approach)이라 부르는데 개질반응에서의 온도 접근은 운전온도가 700℃ 이상이면 0~25℃ 정도로 작고, 시프트 반응은 거의 이론평형에 가까운 값이 되므로 간단한 시스템 평가를 하는 경우이면 이론평형이라도 큰 오차는 없다고 할 수 있다. 단, 실제로 무언가를 만드는 설계의 경우는 실험결과에서 정확한 온도 접근을 구할 필요가 있다.

③ 열균형
다음으로 열균형을 구해야 한다.

화학반응은 모두 같은 온도에서 등온으로 일어난다는 조건에서 계산하는 것이 중요하다.

수증기를 첨가했을 때의 온도가 만일 200℃, 개질반응은 750℃에서 일어난다고 한 경우, 개질 조성의 계산은 우선 750℃ 또는 그것에 온도 접근을 고려한 조건에서 계산하지만, 개질반응에 필요한 열량을 구하는 경우는 반드시 750℃로 계산해야 하는 것은 아니다.

200℃에서 750℃까지 예열하고 거기서 반응한다는 가정과 200℃에서 700℃까

지 예열하고 거기서 반응시킨 뒤 750℃까지 가열한다는 가정은 최종적인 개질 조성이 같으면 결과적으로 같은 열량이 된다. 단, 반응은 정해진 온도에서 모두 일어난다고 가정하여 계산한다.

공급하는 가스 조성은 [표 2.4]와 같다. 이것을 700℃까지 예열한다고 보자.
[표 2.7]과의 차이는 H_2O가 들어 있는지, 아닌지의 차이뿐이다.
메탄의 비열 식은 [표 2.2]에서 다음과 같다.

$$C_{CH_4} = 4.75 + 1.2 \times 10^{-2}T + 0.303 \times 10^{-5}T^2 - 2.63 \times 10^{-9}T^3 \, [\text{kcal/kg-mol} \cdot ℃]$$

이것을 적분하여 $T = 700 + 273.15 = 973.15[\text{K}]$와 $T = 200 + 273.15 = 473.15[\text{K}]$의 차이를 구하면 되는 것이다. 비열을 적분한 식은 [표 2.3]에서 다음과 같다.

$$H_{CH_4} = 4.75T + 6 \times 10^{-3}T^2 + 1.01 \times 10^{-6}T^3 - 6.575 \times 10^{-10}T^4 \, [\text{kcal/kg-mol}]$$

물론 이것은 단위유량당 열량이므로 유량을 곱해야 한다.

$$Q_{CH_4} = F_{CH_4}[\text{kg-mol/h}] \times [H_{CH_4}(973.15) - H_{CH_4}(473.15)] \, [\text{kcal/kg-mol}]$$

F_{CH_4}는 메탄의 유량[kg-mol/h]이다.
이렇게 하여 다른 성분에 대해서도 열량을 계산하여 예열의 열량을 계산한다.

$$Q_{PH} = Q_{CH_4} + Q_{C2H6} + Q_{C3H8} + Q_{NC4H10} + Q_{IC4H10} + Q_{H2O}$$

열교환기의 계산은 지금까지 몇 번이나 했으므로 구체적인 계산 예는 생략한다.
개질가스의 조성을 위와 같이 하고, 예열기 입구온도를 750℃, 열손실을 0으로 하면 원료의 예열기의 교환열량과 개질가스의 출구온도는 다음과 같다.

예열기의 교환열량 : 2,371,117.8kcal/h
개질가스 출구온도 : 약 322℃

다음으로 반응열을 계산한다.
반응열의 식을 유도하는 순서는 셀의 기초이론에서 설명했다.

반응식은 다음과 같이 6개의 식이다.

열 량	반응식
$QR_{C1} = F_{CH4} \times HR_{C1}$	$CH_4 + H_2O = CO + 3H_2$
$QR_{C2} = F_{C2H6} \times HR_{C2}$	$C_2H_6 + 2H_2O = 2CO + 5H_2$
$QR_{C3} = F_{C3H8} \times HR_{C3}$	$C_3H_8 + 3H_2O = 3CO + 7H_2$
$QR_{NC4} = F_{NC4H10} \times HR_{NC4}$	$nC_4H_{10} + 4H_2O = 4CO + 9H_2$
$QR_{IC4} = F_{IC4H10} \times HR_{IC4}$	$iC_4H_{10} + 4H_2O = 4CO + 9H_2$
$QR_{SFT} = F_{SFT} \times HR_{SFT}$	$CO + H_2O = CO_2 + H_2$

반응열의 식을 [표 2.8]에 나타냈다. 메탄의 경우 다음과 같다.

$$HR_{C1} = 45,364.52 + 15.132T - 6.7161 \times 10^{-3}T^2 - 4.6637 \times 10^{-7}T^3$$
$$+ 5.8358 \times 10^{-10}T^4$$

이 식에 $T = 750 + 273.15 = 1,023.15$를 넣으면 750℃에서의 반응열을 계산할 수 있다.

$$HR_{C1}(1023.15) = 45,364.52 + 15,482.3 - 7,030.7 - 499.5 + 639.5$$
$$= 53,956.0 [\text{kcal/kg-mol}]$$

이것에 유량(F_{CH4}[kg-mol/h])을 곱하면 열량(kcal/h)이 구해진다.

[표 2.8] 반응열을 구하는 식

[$CH_4 + H_2O = CO + 3H_2$]

$\quad HR_{C1} = 45,364.52 + 15.132T - 6.7161 \times 10^{-3}T^2 - 4.6637 \times 10^{-7}T^3 + 5.8358 \times 10^{-10}T^4$

[$C_2H_6 + 2H_2O = 2CO + 5H_2$]

$\quad HR_{C2} = 75,496.74 + 31.164T - 2.1823 \times 10^{-2}T^2 + 5.8685 \times 10^{-6}T^3 - 5.3088 \times 10^{-10}T^4$

[$C_3H_8 + 3H_2O = 3CO + 7H_2$]

$\quad HR_{C3} = 108,083.77 + 46.708T - 3.8086 \times 10^{-2}T^2 + 1.351 \times 10^{-5}T^3 - 2.0128 \times 10^{-9}T^4$

[$nC_4H_{10} + 4H_2O = 4CO + 9H_2$]

$\quad HR_{NC4} = 141,865.09 + 57.727T - 4.6543 \times 10^{-2}T^2 + 1.5818 \times 10^{-5}T^3 - 2.2298 \times 10^{-9}T^4$

[$iC_4H_{10} + 4H_2O = 4CO + 9H_2$]

$\quad HR_{IC4} = 143,040.83 + 60.562T - 5.1858 \times 10^{-2}T^2 + 1.9535 \times 10^{-5}T^3 - 3.1198 \times 10^{-9}T^4$

[$C_5H_{12} + 5H_2O = 5CO + 11H_2$]

$\quad HR_{C5} = 175,616.65 + 69.984T - 5.6915 \times 10^{-2}T^2 + 1.9326 \times 10^{-5}T^3 - 2.6867 \times 10^{-9}T^4$

[$CO + H_2O = CO_2 + H_2$]

$\quad HR_{SFT} = -9,678 - 2.158T + 6.484 \times 10^{-3}T^2 - 3.7367 \times 10^{-6}T^3 + 7.4138 \times 10^{-10}T^4$

[참고문헌] • F. D. Rossini et al : Selected Values of Chemical Thermodynamic Properties 1952
• F. D. Rossini et al : Selected Values of Physical and Thermodynamic Properties of hydrocarbons and related compounds, 1952
• K. A. Kobe et al : Petroleum Refiner, 1949-50

각각 반응열에 유량을 곱하여 합계의 열량을 구한다.

$$QR = QR_{C_1} + QR_{C_2} + QR_{C_3} + QR_{NC_4} + QR_{IC_4} + QR_{SFT}$$

위 식의 개질반응은 모두 흡열반응이지만 시프트 반응은 $CO + H_2O \rightarrow CO_2 + H_2$의 방향으로 발열한다. 원료예열기에서는 원료를 700℃까지밖에 예열하지 않으므로 750℃에서 반응한다는 가정이라면 원료를 700℃에서 750℃까지 예열하는 열량도 필요하다. 이 예열의 열량과 개질반응의 열량의 합계가 개질기에서 필요한 열량이 된다.

위의 열량에 맞는 가열원이 필요한데, 저온형 연료전지의 경우는 애노드의 배기를 연소하여 열원으로 하는 경우가 일반적이다. 고온형에서도 이 방식을 이용하는 경우와 스택에서의 발전반응에 동반하여 나오는 열을 직접 사용하는 경우, 발전반응의 열을 간접적으로 사용하는 경우, 즉 캐소드 배기의 현열을 이용하는 경우 등이 있다. 연소기의 계산방법 자체는 앞에서 설명했으므로 여기서는 생략한다.

아래의 〈memo〉에 개질반응의 자유에너지와 평형상수의 산출순서를 나타냈다. 자유에너지의 산출에는 생성열과 엔트로피 데이터가 필요하므로 [표 2.9]에 생성열 데이터를, [표 2.10]에 엔트로피 데이터를 나타냈다.

[표 2.9] 생성열 데이터
(25℃, 1atm)

$H_2O(g)$	− 57,797.9
CO	− 26,415.7
CO_2	− 94,051.8
CH_4	− 17,889.16

[출처] F. D. Rossini et al : Selected Values of Chemical Themodynamic Properties 1952

[표 2.10] 엔트로피 데이터
(kcal/kg-mol · K)

$H_2(g)$	31.211
$H_2O(g)$	45.106
$O_2(g)$	49.003
$CO(g)$	47.301
$CO_2(g)$	51.061
C(흑연)	1.3609
CH_4	44.50

°memo°

[개질반응의 자유에너지 산출]

개질반응($CH_4 + H_2O = CO + 3H_2$)의 자유에너지를 구하는 법은 기본적으로는 $H_2 + \frac{1}{2}O_2 = H_2O$의 경우와 동일하다.

$$\Delta H = I_H + \Delta a \cdot T + \frac{1}{2} \Delta b \cdot T^2 + \frac{1}{3} \Delta c \cdot T^3 + \frac{1}{4} \Delta d \cdot T^4$$

[생성열의 산출] : 생성열 데이터([표 2.9])에서

생성열의 산출(25℃, 1atm)

CO	: $-26,415.7$ [kcal/kg-mol]
3H₂	: 0
계	: $-26,415.7$ [kcal/kg-mol]
CH₄	: $-17,889.16$
H₂O	: $-57,797.9$
계	: $-75,687.06$

$-26,415.7-(-75,687.06)=49,271.36$[kcal/kg-mol]

[비열계수의 산출]

계수의 산출

	a	b	c	d
CO	6.726	0.04001×10^{-2}	0.1283×10^{-5}	-0.5307×10^{-9}
3H₂	3×6.952	$-3 \times 0.04576 \times 10^{-2}$	$3 \times 0.09563 \times 10^{-5}$	$-3 \times 0.2079 \times 10^{-9}$
계	27.582	-0.09727×10^{-2}	0.41519×10^{-5}	-1.1544×10^{-9}
CH₄	4.750	1.200×10^{-2}	0.3030×10^{-5}	-2.630×10^{-9}
H₂O	7.700	0.04594×10^{-2}	0.2521×10^{-5}	-0.8587×10^{-9}
계	12.45	1.24594×10^{-2}	0.5551×10^{-5}	-3.4887×10^{-9}
차이	15.132	-1.34321×10^{-2}	-0.13991×10^{-5}	2.3343×10^{-9}

[반응열의 식]

$$I_H = 49,271.36 - 15.132T + \frac{1}{2} \times 1.34321 \times 10^{-2}T^2$$
$$+ \frac{1}{3} \times 0.13991 \times 10^{-5}T^3 - \frac{1}{4} \times 2.3343 \times 10^{-9}T^4$$
$$= 49,271.36 - 15.132T + 6.7161 \times 10^{-3}T^2 + 4.6637 \times 10^{-7}T^3$$
$$- 5.8358 \times 10^{-10}T^4 = 45,364.52$$
$$\Delta H = 45,364.52 + 15.132T - 6.7161 \times 10^{-3}T^2 - 4.6637 \times 10^{-7}T^3$$
$$+ 5.8358 \times 10^{-10}T^4$$

[ΔS_T의 산출]

$$\Delta S_T = I_S + \Delta a \cdot \ln(T) + \Delta b \cdot T + \frac{1}{2} \times \Delta c \cdot T^2 + \frac{1}{3} \times \Delta d \cdot T^3$$

$$I_S = \Delta S_T - \Delta a \cdot \ln(T) - \Delta b \cdot T - \frac{1}{2} \times \Delta c \cdot T^2 - \frac{1}{3} \times \Delta d \cdot T^3$$

엔트로피의 산출(25℃, 1atm)

> CO : 47.301[kcal/kg-mol·K]
> $3H_2$: 31.211×3
> CH_4 : 44.50
> H_2O : 45.106

$$\Delta S_T = (CO + 3H_2) - (CH_4 + H_2O) = (47.301 + 3 \times 31.211)$$
$$- (44.50 + 45.106) = 51.328$$
$$I_S = 51.328 - 15.132 \times \ln(T) + 1.34321 \times 10^{-2}T$$
$$+ \frac{1}{2} \times 1.3991 \times 10^{-6}T^2 - \frac{1}{3} \times 2.3343 \times 10^{-9}T^3$$
$$= 51.328 - 86.2165 + 4.0049 + 0.0622 - 0.0206$$
$$= -30.842(298.15K)$$

[자유에너지의 식]

$$\Delta G = I_H + (\Delta a - I_S)T - \Delta aT\ln(T) - \frac{1}{2} \times \Delta bT^2 - \frac{1}{6} \times \Delta cT^3$$
$$- \frac{1}{12} \times \Delta dT^4 = 45,364.52 + (15.132 + 30.842)T - 15.132T\ln(T)$$
$$+ \frac{1}{2} \times 1.34321 \times 10^{-2}T^2 + \frac{1}{6} \times 1.3991 \times 10^{-6}T^3 - \frac{1}{12} \times 2.3343 \times 10^{-9}T^4$$
$$= 45,364.52 + 45.974T - 15.132T\ln(T)$$
$$+ 6.716 \times 10^{-3}T^2 + 2.3318 \times 10^{-7}T^3 - 1.9453 \times 10^{-10}T^4$$

°memo°

[평형상수, 반응열]

자유에너지가 구해지면 평형상수는 다음 식에서 구할 수 있다.

$$K = \exp\left(\frac{-\Delta G}{1.9865T}\right)$$

개질반응(식 2)과 시프트 반응(식 3)의 평형상수와 반응열을 [표 2.11]에 나타냈다. 이것은 위의 자유에너지의 식에서 구한 것이므로 다른 데이터와 비교하면 다소 차이가 있을 수 있지만 실용적으로 큰 문제는 없다.

[표 2.11] 평형상수와 반응열

온도 [℃]	개질반응		시프트 반응	
	평형상수	반응열 [kcal/kg-mol]	평형상수	반응열 [kcal/kg-mol]
350	2.49×10^{-6}	52,161	19.92	$-9,297$
400	5.76×10^{-5}	52,485	11.44	$-9,180$
450	8.75×10^{-4}	52,778	7.14	$-9,058$
500	9.47×10^{-3}	53,042	4.76	$-8,933$
550	7.75×10^{-2}	53,278	3.35	$-8,805$
600	5.03×10^{-1}	53,485	2.47	$-8,675$
650	2.68	53,667	1.89	$-8,546$
700	12.08	53,824	1.49	$-8,416$
750	47.16	53,956	1.20	$-8,288$
800	162.67	54,066	1.00	$-8,161$
850	503.58	54,156	0.84	$-8,037$

memo

[개질가스 조성의 계산 예]

여기서는 대기압 운전의 연료전지 발전시스템에 적용하는 개질기를 단순화하여 계산해보자. 연료는 1kg-mol/h의 메탄, S/C=3으로 한다. 운전압력은 1.2ata, 운전온도는 700℃, 원료가스를 700℃로 공급한 경우이다. 온도 접근은 열손실을 0으로 한다. 단순히 $CH_4 + H_2O = CO + 3H_2$의 반응이 일어나면 [표 2.12]의 개질반응이 된다. 개질률 96%에서는 개질반응의 ( ) 안의 값이 된다. 평형가스 조성은 개질반응과 시프트 반응의 양방의 평형상수를 만족한 조성이다. 개질반응의 CO를 보면 평형가스 조성보다 많으므로 그 차이만큼 시프트 반응이 일어나게 된다. 개질반응의 ( ) 안의 값을 시프트 반응만큼 수정하면 평형가스 조성의 값이 된다. 아래에 평형가스 조성 값이 정확한지 평형상수로 확인한다.

개질반응의 평형상수 : 식 (6)에 넣으면

$$K_R = \frac{P_{CO} \cdot P_{H_2}^3}{P_{CH_4} \cdot P_{H_2O}} = \frac{(CO+X)(H_2+3X)^3 \times P^2}{(CH_4-X)(H_2O-X)(TM+2X)^2}$$

$$= \frac{\left[\left(\frac{1.2}{1.0332}\right) \times \frac{0.552}{5.92}\right]\left[\left(\frac{1.2}{1.0332}\right) \times \frac{3.287}{5.92}\right]^3}{\left[\left(\frac{1.2}{1.0332}\right) \times \frac{0.04}{5.92}\right]\left[\left(\frac{1.2}{1.0332}\right) \times \frac{1.632}{5.92}\right]}$$

$$= \left(\frac{1.2}{1.0332}\right)^2 \left[\frac{0.0932 \times 0.5552^3}{0.0068 \times 0.2757}\right] = 1.349 \times 8.508 = 11.5$$

시프트 반응의 평형상수 : 식 (8)에 넣으면

$$K_S = \frac{P_{CO_2} \cdot P_{H_2}}{P_{CO} \cdot P_{H_2O}} = \frac{(CO_2 + X)(H_2 + X)}{(CO - X)(H_2O - X)}$$
$$= \frac{0.408 \times 3.287}{0.552 \times 1.632} = 1.49$$

이상에서 개질반응 및 시프트 반응의 평형상수를 거의 만족하는 조성으로 되어 있다. 따라서 반응열은 0.96kg-mol/h의 개질반응열과 0.41kg-mol/h의 시프트 반응열의 합이 된다.

[표 2.12] 개질가스 조성의 계산 예

가스 조성	공급원료	개질반응	평형가스 조성	시프트 반응
CH_4	1kg·mol/h	0 (0.04)	0.040	
H_2O	3	2 (2.04)	1.632	(2.04 − 0.408)
H_2		3 (2.88)	3.287	(2.88 + 0.408)
CO		1 (0.96)	0.552	0.408 (0.96 − 0.552)
CO_2		0	0.408	(0 + 0.408)
합계		6 (5.92)	5.920	
반응열	4	51,671 (53,824 × 0.96)	48,238 (51,671 − 3,433)	3,433 (−8,414 × 0.408)
개질률			96%	

📖 4.4 공기 블로어

스택에 공기를 공급하는 것은 대기압 운전일 때는 블로어가, 가압운전일 때는 압축기가 사용된다. 또한 공기뿐 아니라 연료가스도 블로어 또는 압축기를 필요로 하는 경우가 있다. 그러나 모두 같은 식으로 계산할 수 있다.

[그림 2.6]에 블로어의 계산 예를 나타냈다. 이것은 대기압 운전 연료전지 발전시스템에 블로어로 공기를 공급하는 경우이다.

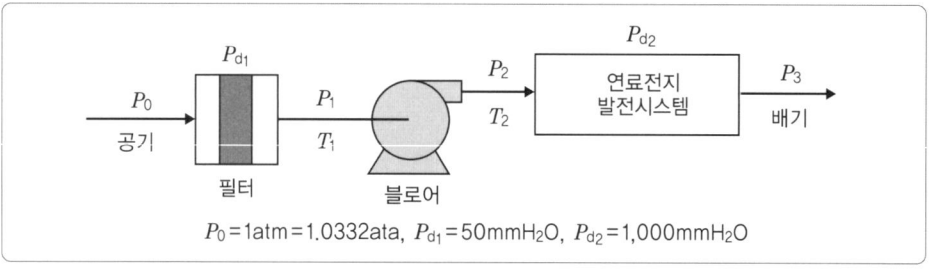

$P_0 = 1atm = 1.0332ata$, $P_{d1} = 50mmH_2O$, $P_{d2} = 1,000mmH_2O$

[그림 2.6] 블로어의 계산 예

[그림 2.6]을 바탕으로 블로어의 계산 예를 설명한다.

① 공기의 조성은 계산을 단순하게 하기 위해 다음과 같이 한다.

N_2 : 79mol%

O_2 : 21mol%

② 공기의 유량을 10kg-mol/h이라 하면 각각의 몰유량(F), 중량유량(G)은 다음과 같다.

	F[kg-mol/h]	G[kg/h] (kg-mol/h×MW)	[wt%]
N_2	7.9	7.9×28.013=221.3	76.71
O_2	2.1	2.1×31.999=67.2	23.29
합계	10.0	288.5	100

③ 입구온도는 15℃로 한다.

T_1(K) : 15℃ = 288.15K

④ 블로어의 입구 및 출구압력은 [그림 2.6]에 나타낸 것과 같다.

P_1(ata) : $P_1 = P_0 - P_{d1} = 1.0332 - 0.005 = 1.0282$ata

P_2(ata) : $P_0 = P_3 = 1.0332$ $P_2 = P_3 = P_{d2} = 1.0332 + 0.1 = 1.1332$ata

⑤ 압축비는 다음과 같다.

$$R = \frac{P_2}{P_1} \rightarrow R = \frac{1.1332}{1.0282} = 1.102$$

⑥ 단열효율은 $\eta_c = 80\%$로 한다.

단, 계산식에서는 $\eta_c = 0.8$로 취급한다.

⑦ 비열 : C_p[kcal/kg·℃]

비열의 식은 [표 2.2]에 나와 있다. 여기에 T를 넣으면 비열이 나오는데, 단위는 kcal/(kg-mol·K)이므로 kcal/(kg·K)로 변환하기 위해서는 몰웨이트(MW)로 나눌 필요가 있다. T=15℃ = 288.15K의 경우는 다음과 같이 된다.

N_2 : $C_p = 6.903 - 3.753 \times 10^{-4}T + 1.93 \times 10^{-6}T^2 - 6.861 \times 10^{-10}T^3$

[kcal/kg-mol·K]

$C_p(288.15) = 6.903 - 0.108 + 0.160 - 0.016$

$= 6.939$[kcal/kg-mol·K]

$\rightarrow 6.939/28.013 = 0.2477$[kcal/kg·K]

$$O_2 : C_p = 6.085 + 3.631 \times 10^{-3}T - 1.709 \times 10^{-6}T^2 + 3.133 \times 10^{-10}T^3$$
$$C_p(288.15) = 6.085 + 1.046 - 0.142 + 0.007$$
$$= 6.996 \,[\text{kcal/kg-mol} \cdot \text{K}]$$
$$\rightarrow 6.996/31.999 = 0.2186 \,[\text{kcal/kg} \cdot \text{K}]$$

따라서, 평균비열은 다음과 같다.

$$C_p(\text{avr}) = 0.2477 \times 0.7671 + 0.2186 \times 0.2329 = 0.1900 + 0.0509$$
$$= 0.2409 \,[\text{kcal/kg} \cdot \text{K}]$$

이상은 계산순서로서 블로어의 입구온도에서의 비열을 나타냈는데 실제로는 T_1, T_2 사이의 평균비열을 구할 필요가 있다. 통상적으로 블로어의 입구와 출구의 평균온도$=(T_1 + T_2)/2$의 비열을 구하면 문제가 없다.

⑧ 압축대상이 되는 가스의 몰웨이트(MW)는 다음과 같다.

$MW = $ 중량유량$(G)/$몰유량$(F) = 288.5/10 = 28.85$

⑨ 단열지수는 다음 식으로 구할 수 있다.

$$(\kappa - 1)/\kappa = \frac{1.9865}{MW \times C_p} : \frac{1.9865}{28.85 \times 0.2409} = 0.2858 \,(15^\circ\text{C의 경우})$$

상온 부근에서 운전하는 공기블로어의 경우 주성분인 N_2, O_2 모두 비열비 $\kappa = C_P/C_V = 1.4$이므로 $(1.4-1)/1.4 = 0.2857$이 되어 같은 결과이다. 그러나 가스 조성도, 온도영역도 여러 가지 가스를 취급하기 때문에 열과 몰웨이트에서 계산하는 편이 범용성이 있다.

⑩ 기계효율은 $\eta_{\text{mech}} = 90\%$로 한다.

⑪ 모터효율은 $\eta_{\text{mot}} = 90\%$로 한다.

⑫ 블로어 출구온도는 다음 식으로 구할 수 있다.

$$T_2 = T_1 \left(1 + \frac{R^{\frac{1.9865}{MW \times C_p}} - 1}{\eta_c} \right)$$

이 식에서 C_P를 구하려면 앞에서 말했듯이 평균온도 $(T_1 + T_2)/2$에서 구하는데, 처음에는 T_2를 모르기 때문에 초기값으로 적당한 값을 넣는다. 그것으로 C_P를 계산하고 위의 식에서 T_2를 계산한다. 그러면 초기값으로 설정한 T_2와 다르므로 이번에는 계산에 의해 구한 T_2에서 평균비열을 구한 뒤 다시 T_2를 계산한다. 이것을 몇 번 반복하면 비열을 구할 때 사용한 T_2와 압축기 출구온도의 계산결과가 일치하게 된다.

손으로 계산하면 약간 시간이 걸리지만 능숙해지면 어려운 일이 아니다. 물론 컴퓨터 프로그램으로 계산하는 것이 당연히 더 빠르다.

만약 $T_2 = 50℃ = 323.15$K로 계산해 보면 $(T_2 + T_1)/2 = (288.15 + 323.15)/2$ $= 305.65$k가 된다. 이것으로 비열을 구하면,

N_2 : $C_p = 6.903 - 3.753 \times 10^{-4} T + 1.93 \times 10^{-6} T^2 - 6.861 \times 10^{-10} T^3$

$\qquad C_p(305.65) = 6.903 - 0.115 + 0.180 - 0.020$

$\qquad\qquad = 6.948 [\text{kcal/kg-mol} \cdot \text{K}]$

$\qquad\qquad\qquad \rightarrow 6.948/28.013 = 0.2480 [\text{kcal/kg} \cdot \text{K}]$

O_2 : $C_p = 6.085 + 3.631 \times 10^{-3} T - 1.709 \times 10^{-6} T^2 + 3.133 \times 10^{-10} T^3$

$\qquad C_p(305.65) = 6.085 + 1.110 - 0.160 + 0.009$

$\qquad\qquad = 7.044 [\text{kcal/kg-mol} \cdot \text{K}]$

$\qquad\qquad\qquad \rightarrow 7.044/31.999 = 0.2201$

$\qquad C_p(\text{avr}) = 0.248 \times 0.7671 + 0.2201 \times 0.2329 = 0.1902 + 0.0513$

$\qquad\qquad = 0.2415 [\text{kcal/kg} \cdot \text{K}]$

$$(\kappa - 1)/\kappa = \frac{1.9865}{MW \times C_p} = \frac{1.9865}{28.85 \times 0.2415} = 0.2851$$

$$T_2 = T_1 \left(1 + \frac{R^{\frac{1.9865}{MW \times C_p}} - 1}{\eta_c}\right) = 288.15 \times \left(1 + \frac{1.102^{0.2851} - 1}{0.8}\right)$$

$$= 298.26 [\text{K}] = 25.11 [℃]$$

가 되어, 초기값 $T_2 = 50℃ = 323.15$[K]와 차이가 크다.

따라서 평균온도 $(T_1 + T_2)/2 = (288.15 + 298.26)/2 = 293.21$[K]에 대한 비열을 구한다.

N_2 : $C_p = 6.903 - 3.753 \times 10^{-4} T + 1.93 \times 10^{-6} T^2 - 6.861 \times 10^{-10} T^3$

$\qquad C_p(293.21) = 6.903 - 0.110 + 0.166 - 0.017$

$\qquad\qquad = 6.942 [\text{kcal/kg-mol} \cdot \text{K}]$

$\qquad\qquad\qquad \rightarrow 6.942/28.013 = 0.2478$

O_2 : $C_p = 6.085 + 3.631 \times 10^{-3} T - 1.709 \times 10^{-6} T^2 + 3.133 \times 10^{-10} T^3$

$\qquad C_p(293.21) = 6.085 + 1.065 - 0.147 + 0.008$

$\qquad\qquad = 7.011 [\text{kcal/kg-mol} \cdot \text{K}]$

$\qquad\qquad\qquad \rightarrow 7.011/31.999 = 0.2191$

$\qquad C_p(\text{avr}) = 0.2478 \times 0.7671 + 0.2191 \times 0.2329 = 0.1901 + 0.0510$

$\qquad\qquad = 0.2411 [\text{kcal/kg} \cdot \text{K}]$

$$(\kappa - 1)/\kappa = \frac{1.9865}{MW \times C_{p}} = \frac{1.9865}{28.85 \times 0.2411} = 0.2856$$

$$T_2 = T_1 \left(1 + \frac{R^{\frac{1.9865}{MW \times C_p}} - 1}{\eta_c}\right) = 288.15 \times \left(1 + \frac{1.102^{0.2856} - 1}{0.8}\right)$$

$$= 298.28[\text{K}] = 25.13[\text{℃}]$$

평균온도(288.15＋298.28)/2＝293.215가 되어, 앞에서 넣은 293.21K와 크게 다르지 않으므로 T_2와 C_p 사이에 모순은 거의 없다.

압축비가 커서 T_1과 T_2 사이의 온도차가 커지고 비열을 직선 근사하면 오차가 커지는 경우는 $(T_1＋T_2)/2$가 아닌 정식 평균정압비열을 구해야 하는데, $(T_1＋T_2)/2$라도 실용적으로 큰 문제는 없다.

단, 압축기의 성능해석을 하는 경우 등은 정확히 비열을 산출해야 할 것이다.

⑬ 축동력

위의 결과로 나온 정확한 T_2에 따라 블로어의 축동력을 계산한다. 축동력은 다음 식으로 계산할 수 있다.

$$L_0 = \frac{(T_2 - T_1)C_p \times G}{860}[\text{kW}]$$

$$= \frac{(298.28 - 288.15) \times 0.2411 \times 288.5}{860}$$

$$= 0.82[\text{kW}]$$

비열이나 유량은 여러 가지 단위가 사용되고 어떤 데이터를 가지고 있는가에 따라 사용하는 데이터는 달라지겠지만 환산만 정확하면 문제는 없을 것이다(1kg-mol＝ 22.414Nm³, kg-mol×MW＝kg).

⑭ 소비동력

단, L_0는 축동력으로 기계효율이나 모터효율은 고려하지 않았다.

따라서 실제 소비동력은 다음과 같다.

$$L = L_0 /(\eta_{mech} \cdot \eta_{mot}) = \frac{0.82}{0.9 \times 0.9} = 1.01[\text{kW}]$$

⑮ 분자량 : 참고로 [표 2.13]에 주요 가스의 분자량을 나타냈다.

[표 2.13] 분자량(MW)

가스명	분자량	가스명	분자량
Air	28.966	CH_4	16.042
N_2	28.013	C_2H_6	30.069
O_2	31.999	C_3H_8	44.096
H_2O	18.015	C_4H_{10}	58.122
H_2	2.016	C_5H_{12}	72.149
CO	28.010		
CO_2	44.01		

📖 4.5 익스팬더

일반적으로는 가스터빈을 사용하여 배열을 동력으로 변환하는 하이브리드방식의 경우에 이 계산이 필요하다.

[그림 2.7]에 가압형 MCFC 발전시스템의 가스터빈 부분을 나타냈다. 압축기로 공기를 압축하고 연료전지 발전시스템으로 보낸다. 거기서 압력손실(P_{d1})만큼 압력이 저하되고 연료전지에 의해 온도가 높아진 캐소드 배기가 터빈부분에 들어간다. 터빈에서 동력이 회수되고 온도가 낮아진 가스는 배열회수보일러에서 증기가 회수되어 다시 온도가 낮아져 대기로 방출된다.

터빈부분의 계산 예를 소개한다.

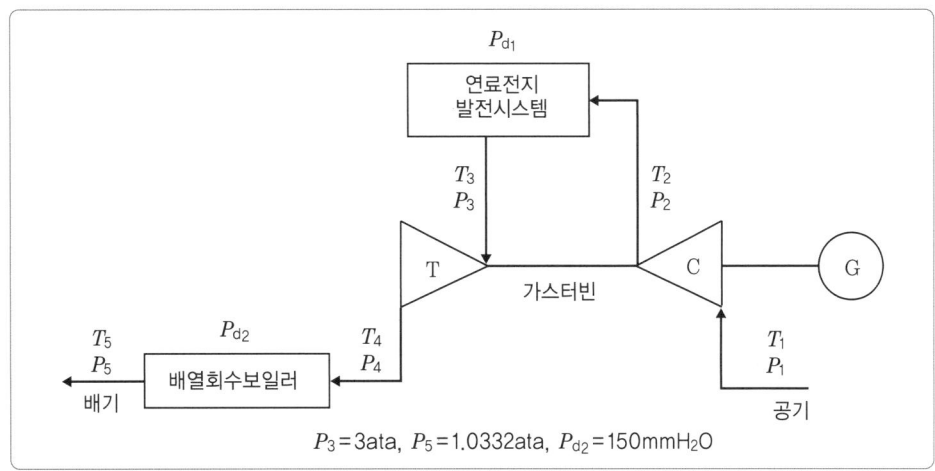

$P_3 = 3\text{ata}$, $P_5 = 1.0332\text{ata}$, $P_{d2} = 150\text{mmH}_2\text{O}$

[그림 2.7] 익스팬더의 계산 예

익스팬더 또는 터빈의 계산방법은 기본적으로 압축기와 완전히 동일하다. 단, T_2를 구하는 식만 바뀐다고 생각하면 된다. T_2를 구하는 식은 다음과 같다.

$$T_2 = T_1\left(1 - \eta_t + \frac{\eta_t}{R^{1.9865/(MW \times C_p)}}\right)$$

단, 익스팬더의 경우 압력비 $R = P_1/P_2$가 된다.

출력을 구하는 경우는 다음과 같다.

$$L_0 = \frac{(T_1 - T_2) \times C_p \times G}{860}$$

아래에 [그림 2.7]을 바탕으로 계산순서를 설명한다.

① 유체 : 단순하게 하기 위해 블로어와 같다고 한다.

　　　　N_2 : 79mol%

　　　　O_2 : 21mol%

② 유량(F) : 10kg-mol/h로 한다.

③ 중량유량(G) 및 중량%

	F[kg-mol/h]	G[kg/h] (kg-mol/h $\times MW$)	[wt%]
N_2	7.9	$7.9 \times 28.013 = 221.3$	76.71
O_2	2.1	$2.1 \times 31.999 = 67.2$	23.29
합계	10.0	288.5	100

④ 입구압력 : $P_3 = 3$[ata]로 한다.

⑤ 출구압력 : $P_4 = P_5 + P_{d2} = 1.0332 + 0.015 = 1.0482$[ata]

⑥ 압력비 : $R = P_3/P_4 = 3/1.0482 = 2.862$

⑦ 입구온도 : $T_3 = 650℃ = 923.15K$

⑧ 출구온도 초기값 : $T_4 = 450℃ = 723.15K$로 한다.

⑨ 평균온도 : $T_{avr} = (923.15 + 723.15)/2 = 823.15$

⑩ 비열

　　　N_2 : $C_p = 6.903 - 3.753 \times 10^{-4}T + 1.93 \times 10^{-6}T^2 - 6.861 \times 10^{-10}T^3$

　　　　　$C_p(823.15) = 6.903 - 0.309 + 1.308 - 0.383$

　　　　　　　　　$= 7.519$ [kcal/kg-mol · K]

　　　　　　　　　　　　$\rightarrow 7.519/28.013 = 0.2684$

　　　O_2 : $C_p = 6.085 + 3.631 \times 10^{-3}T - 1.709 \times 10^{-6}T^2 + 3.133 \times 10^{-10}T^3$

　　　　　$C_p(823.15) = 6.085 + 2.989 - 1.158 + 0.175$

$$= 8.091 [\text{kcal/kg-mol} \cdot \text{K}]$$

$$\rightarrow 8.091/31.999 = 0.2529$$

$$C_p(\text{avr}) = 0.2684 \times 0.7671 + 0.2529 \times 0.2329$$

$$= 0.2059 + 0.0589 = 0.2648 [\text{kcal/kg} \cdot \text{K}]$$

⑪ 단열지수 : $(\kappa-1)/\kappa = 1.9865/(MW \times C_P)$

$$= 1.9865/(28.85 \times 0.2648) = 0.2600$$

⑫ 터빈 단열효율 : $\eta_t = 80\%$

단, 시험 계산식에서는 $\eta_t = 0.8$로 취급한다.

⑬ 출구온도

$$T_4 = T_3 \left(1 - \eta_t + \frac{\eta_t}{R^{1.9865/(MW \times C_p)}}\right) = 923.15 \left(1 - 0.8 + \frac{0.8}{2.862^{0.26}}\right)$$

$$= 923.15(0.2 + 0.8/1.3144) = 746.5 [\text{K}] = 473.34 [\text{℃}]$$

⑭ 수렴 계산 : T_4에 대한 비열의 계산에 사용한 값은 450℃로 위의 계산값 473.35℃와 약간 차이가 나기 때문에 압축기일 때와 마찬가지로 비슷하게 일치하는 곳까지 계산을 반복할 필요가 있다.

단, 여기서는 온도영역의 오차가 작기 때문에 $T_4 = 473℃ = 746.15$K로 하여 다음과 같이 계산한다.

⑮ 축출력

$$L_0 = \frac{(T_3 - T_4) C_p \times G}{860} = \frac{(650 - 473) \times 0.2648 \times 288.5}{860}$$

$$= 15.72 [\text{kW}]$$

⑯ 발전기 출력 : 발전기 출력은 다음 식이 된다.

$$L = L_0 \times \eta_{\text{mech}} \times \eta_{\text{gen}}$$

여기서, $\eta_{\text{mech}} = 90\%$, $\eta_{\text{gen}} = 90\%$라 하면

$$L = 15.72 \times 0.9 \times 0.9 = 12.73 [\text{kW}]$$가 된다.

단, 위의 계산은 터빈이 단독으로 존재한 경우의 계산이다. 일반적으로 가스터빈의 경우는 터빈과 압축기가 1축으로 연결되어 있기 때문에 발전기 출력을 산출하기 위해서는 터빈축 출력에서 압축기 축동력을 빼야 한다.

압축기 축동력을 L_C라 하면 발전기 출력은 $L = (L_0 - L_C) \times \eta_{\text{mech}} \times \eta_{\text{gen}}$가 된다.

▣ 4.6 펌프

펌프는 취급하는 유체가 액체이며 실용적으로는 용적 변화가 없으므로 일은 용적과 압력의 곱(PV)이 된다.

P : $kg/cm^2 = 10^4 kg/m^2$

V : m^3/h

A(일의 열당량) : $426.8 kg \cdot m/kcal$

η_P : 펌프효율

η_{mech} : 기계효율

η_{mot} : 모터효율

$$L_0 = \frac{PV \times 10,000}{426.8 \times 860 \times \eta_p} \ [kW]$$

$$L = \frac{L_0}{\eta_{mech} \times \eta_{mot}}$$

5 시스템의 열·물질수지 계산

앞에서 연료전지 발전시스템의 구성기기의 계산방법을 설명하였는데, 시스템의 열·물질수지 계산과는 무엇이 다를까? 물론 각 기기의 계산방법은 완전히 동일하다. 그러나 시스템의 경우는 전부 모순 없이 성립되어 있어야 한다. 확인해야 할 점은 다음과 같다.

① 송전단출력

어느 정도의 출력을 연료전지 발전시스템에서 공급해야 하는가, 이것이 가장 기본이 된다. 송전단출력은 발전단출력에서 소내(所內)동력을 뺀 것이므로 발전단출력은 당연히 송전단출력보다 커야 한다. 소형 발전설비는 소내동력의 비율이 커지는 경향이 있다. 물론 설계에 의존하므로 단순히 말할 수는 없지만 소내동력의 비율을 5~20% 정도로 생각하여 발전단출력을 그만큼 크게 해야 한다.

스택의 출력은 직류이다. 일반적으로 요구되는 것은 교류이므로 인버터에서 직류를 교류로 변환해야 한다. 인버터의 효율을 90~95%라 하면 스택의 출력은 당연히 인버터의 효율만큼 높아야 한다. 따라서 스택의 출력은 DC 기준으로 20% 정도 송전단출력보다 커야 한다.

② 스택의 전압, 전류

스택의 출력은 전압과 전류의 곱이므로 전압이 정해지면 전류가 정해진다. 스택의 전압은 셀 전압에 적층수를 곱한 것으로, 셀 전압이 정해지면 적층수가 정해진다. 그러나 셀 전압 자체가 전류밀도, 연료이용률, 그 외 다양한 시스템 조건의 영향을 받으므로 처음부터 모든 조건을 적절한 값으로 설정하는 것은 어렵다. 그러므로 어떤 조건을 설정하고 시스템 계산을 하여 나중에 서로 모순이 없도록 조정을 해야 한다.

③ 스택에 필요한 연료

스택의 전류가 정해지면 발전반응에 필요한 이론연료유량이 정해진다. 그러나 일반적으로 발전반응에 필요한 연료보다 상당히 많은 연료를 공급한다. 스택은 여러 개의 셀을 적층한 것인데 각 셀에 균등하게 연료를 흘려 보내는 것이 어렵기 때문에 어느 정도 차이가 있어도 문제가 없도록 해야 한다. 또 연료를 많이 흘려 보내는 편이 셀 전압을 높인다. 물론 발전출력이 같다면 연료를 쓸데없이 흘려 보낼수록 발전효율은 나빠진다. 스택에 공급하는 연료의 양과 실제로 발전반응에 사용되는 연료의 비율을 '연료이용률' 이라 하는데, 현재의 연료전지 발전시스템에서 연료이용률은 65~85% 정도이다.

대부분의 연료전지에서는 아직 가연성 가스를 포함한 애노드 배기가스를 개질기의 연료로 사용하고 있다. 이 경우는 애노드 배기가 가진 에너지가 개질에 필요한 열을 부여해 줄 수 있는지가 매우 중요하다.

④ 스택의 냉각

연료전지 스택은 발전반응에 의해 연료가 가진 에너지의 절반 정도는 전기로 변하고, 나머지는 열이 된다. 따라서 이 열량을 계산하여 어떻게 스택을 냉각할 것인지를 결정해야 한다.

연료가 가진 에너지 중 전기가 되는 양 외에는 모두 열이 된다. 스택에서는 열손실이 있기 때문에 스택에서의 발열량에서 열손실을 뺀 양이 스택의 냉각대상이 된다.

수냉을 할 수 없는 고온형 연료전지의 경우는 연료나 공기가 스택을 냉각하는 역할을 하므로 발전반응에 필요한 양과 냉각에 필요한 양을 고려하여 유량을 결정해야 한다. 연료가스와 공기로 모든 냉각을 할 수 없는 경우는 그 이외의 냉각원을 정하여 스택의 열균형을 취할 필요가 있다.

⑤ 열원

연료전지의 운전온도는 PEFC(고체고분자형 연료전지)의 경우 현재 60~70℃ 정도, MCFC(용융탄산염형 연료전지)의 경우는 580~680℃ 정도이다. PEFC의 경우는 가습이라는 관점에서 스택에 공급하는 연료나 공기는 스택의 운전온도와 거의 같은 온도이며 상대습도 100%에 가까운 조건에서 공급된다. MCFC의 경우는 스택의 운전온도보다 조금 낮은 온도에서 공급되는데 스택에 걸리는 열응력 관점에서 550~600℃ 정도로 공급된다. 어느 경우든 스택의 운전온도와 거의 같은 온도까지 예열할 필요가 있으므로 당연히 그 열원이 필요해진다. 단, 외부개질형의 경우, 연료는 개질기에서 스택의 운전온도보다 고온이 되므로 개질가스가 가진 현열은 개질원료를 예열하는 등의 목적에 사용되어 반대로 온도를 낮추는 방향이 된다.

개질기의 연소용 공기도 예열하는 편이 연료가 적게 든다. 이 열원으로는 개질기의 연소배기가스나 캐소드 배기를 생각해 볼 수 있다. MCFC의 경우, 캐소드 배기는 스택의 운전온도로 되어 있기 때문에 그대로 개질기의 연소용 공기로 사용할 수도 있다.

개질에는 수증기도 필요하므로 수증기를 발생하기 위한 열원도 필요하다.

여기에는 개질기의 연소배기가스, 캐소드 배기 외에 MCFC의 경우는 애노드 배기도 사용할 수 있다.

⑥ 압력손실, 열손실의 저감

시스템을 정했으면 전체적인 압력균형과 각 기기와 배관의 열손실을 정해야 한다. 이 단계에서는 기기가 정해지지 않았으므로 정확히 정할 수는 없다. 과거의 경험에서 적당히 결정하여 열·물질수지의 계산에 들어간다. 열·물질수지에서 각 기기의 사양을 정하고 각 기기의 설계결과를 반영하여 정확한 압력손실, 열손실을 알게 된 단계에서 열·물질수지를 다시 계산한다. 특히 MCFC의 경우, 기본적으로 스택이 가스냉각인 관계상 공기 블로어나 리사이클 블로어의 동력이 발전효율에 주는 영향이 크기 때문에 시스템의 압력손실을 가능한 줄이는 것이 중요하다.

고온에서 운전하는 MCFC의 경우는 열손실이 생각보다 크기 때문에 미리 고려할 필요가 있다. 특히 열교환기의 열원으로 생각하고 있는 부분에서는 열손실에 따라서 계획대로 예열을 할 수 없을 가능성도 있다. 따라서 레이아웃을 생각할 때는 고온부를 되도록 한 곳에 모아 고온배관을 되도록 짧게 하는 것이 열손실, 압력손실, 비용 모든 면에서 중요하다.

구체적인 시스템의 열·물질수지 계산은 다음과 같다.

보통은 몇 kW의 설비를 설계할 것인지가 정해져 있다. 그러나 소내동력이 정해져 있지 않으면 스택의 규모를 정할 수 없다. 따라서 우선은 송전단출력은 맞지 않아도 좋으니 가까운 규모의 시스템을 정확히 계산하는 것이 중요하다. 간단히 말하면 나중에 비례 계산으로 송전단출력을 맞출 수도 있다.

1kW급의 것이라면 소내동력은 15~20% 정도, 수백 kW급의 것이라면 10% 정도,

수천 kW급의 것이라면 7% 정도 등 적당히 가정하여 시작한다. 그런 다음, 프로세스 플로 시트를 작성하는 것에서부터 시작한다.

▶5.1 프로세스 플로 시트

우선, 어떤 형태의 연료전지인지, 출력은 몇 kW인지를 정하여 프로세스 플로 시트를 작성하여 각 기기의 앞뒤 스트림 번호를 넣는다.

흐름도에 대응한 열·물질수지표를 작성하여 공란을 채워간다. 간단한 블록도에서도 기본적인 열·물질수지를 계산할 수 있으므로 이 경우는 Word로 작성할 수 있다.

그러나 정밀도 있는 열·물질수지를 만들기 위해서는 압력손실이나 열손실을 고려해야 하므로 이를 위해서는 초기 레벨의 배관·계장도(P&ID)와 배치도가 필요하다.

여기서는 계산순서를 이해하기 위해 [그림 2.8]과 [표 2.14]의 간단한 흐름도와 열·물질수지표에 따라 설명한다.

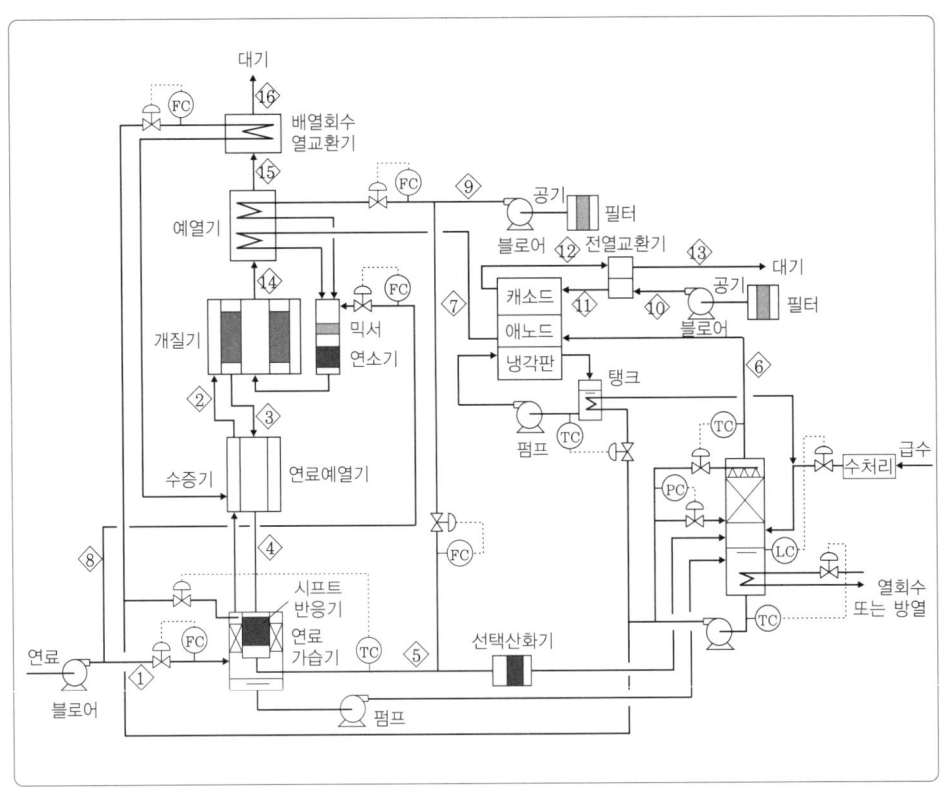

[그림 2.8] 프로세스 흐름도의 예

[표 2.14] 열·물질수지표

스트림 번호		1	2	3	4	5	6	7
위치 또는 설명								
온도[℃]								
압력[ata]								
유량[kg-mol/h]								
[kg/h 또는 Nm³/h]								
조성	CH_4 [mol%]							
	C_2H_6							
	C_3H_8							
	nC_4H_{10}							
	iC_4H_{10}							
	C_5H_{12}							
	N_2							
	O_2							
	H_2							
	CO							
	CO_2							
	H_2O							

📱 5.2 셀 스택

① 계산은 스택의 조건을 결정하는 것부터 시작한다.

연료전지의 형태와 송전단출력은 임시로 PEFC 5kW로 한다.

② 송전단출력의 규모에 따라 소내율(所內率)을 가정한다. 이 경우는 5kW로 작으므로 소내율을 20%로 가정하고, 스택의 DC 출력을 정한다. 이 경우 인버터 효율도 가정해야 한다. 인버터도 규모에 따라 추정하는데 이번에는 90%로 가정한다. 엄밀히 말하면 DC/DC 컨버터, 인버터, 그 외 기기가 포함되는데 여기서는 전체 90%로 한다. 보조기계 동력을 DC로 공급하는 경우와 AC로 공급하는 경우가 있는데 이번에는 DC로 공급한다고 가정한다. 따라서 스택의 출력은 다음과 같다.

스택의 출력＝5/0.9＋1＝6.56[kW(DC)]

③ 셀의 유효전극면적은 자사에서 개발하는 경우든, 외부에서 구입하는 경우든 일단 초기값은 알고 있을 것이다. 여기서는 유효전극면적을 $15cm \times 15cm = 225cm^2$로 한다. 전류밀도는 $400mA/cm^2$로 가정한다. 따라서, 스택의 전류는 다음과 같다.

스택의 전류 $I = 0.4 \times 225 = 90$[A]

④ 자사제 또는 구입하는 셀의 운전전압을 입수할 수 있는 경우는 그 값을, 입수할 수 없는 경우는 문헌에서 1셀당 운전전압(V/셀)을 추정한다.

이번에는 임시로 400mA/cm² 일 때의 셀 전압을 0.65V/셀로 한다. 따라서 스택의 전압 및 적층단 수는 다음과 같다.

$$스택의\ 전압 = 6.56 \times \frac{1,000}{90} = 72.9[V]$$

$$스택의\ 적층단\ 수\ N = \frac{72.9}{0.65} = 113[단]$$

엄밀히는 초기(BOL : Beginning Of Life) 스택성능과 수명의 최종단계(EOL : End Of Life)의 성능에는 큰 차이가 있으므로 이 점을 미리 고려할 필요가 있다([그림 2.1] 참조).

⑤ 스택에서의 발전반응에 필요한 수소량은 다음과 같다.

$$I \times N/2,391.5 = 90 \times 113/2,391.5 = 4.25[Nm^3/h] = 0.19[kg\text{-}mol/h]$$

연료이용률을 $U_f = 0.8$ 이라 하면 스택에 공급하는 수소량은

$$F_{H_2} = 4.25/0.8 = 5.31[Nm^3/h]$$

개질률을 95%라 하면 개질기에 공급하는 메탄공급량은 다음과 같다.

$$F_{CH_4} = \frac{4.25}{0.8 \times 0.95 \times 4} = 1.4[Nm^3/h] = 0.0624[kg\text{-}mol/h]$$

⑥ 발전반응에 필요한 이론산소량은 수소의 1/2이 되므로 $4.25/2 = 2.13[Nm^3/h]$ 이 된다. 산소이용률을 50%라 하면 공기공급량은 다음과 같다.

$$\frac{2.13}{0.5 \times 0.208} = 20.48[Nm^3/h] = 0.914[kg\text{-}mol/h]$$

이 값들은 연료도, 공기도 초기값이므로 최종적으로는 전체적인 정합성 내에서 조정해 갈 필요가 있다.

⑦ 스택에서의 발열은 다음과 같다.

발전에 사용된 수소는 $4.25Nm^3/h = 0.19kg\text{-}mol/h$ 이고, 이 중 전기로 변한 에너지는 $-\Delta G \times V/V_0$ 이므로 열로 변한 양은 $(-\Delta H + \Delta G \times V/V_0) \times 0.19kcal/h$ 가 된다. 운전온도를 70℃라 하면 수소의 반응열 ΔH, 자유에너지 ΔG, 이론전압 V_0, 스택에서의 발열량은 다음과 같다.

$\Delta H = -57,904.1kcal/kg\text{-}mol$ ([표 2.1])

$\Delta G = -54,150.6kcal/kg\text{-}mol$ ([표 2.1])

$V_0 = 1.1747V$ ([표 2.1])

$$스택에서의\ 발열량 = \left(-57{,}904.1 + \frac{54{,}150.6 \times 0.65}{1.1747}\right) \times 0.19$$
$$= 5{,}308.8[\text{kcal/h}]$$

이 발열을 공기와 연료의 온도상승분으로 냉각할 수 있는 경우는 무언가 다른 냉각방법이 필요하다. PEFC의 경우는 물 또는 냉각매체에 의한 냉각이 많으므로 여기서는 가스에 의해 사라지는 열량 이외에는 냉각매체에 의해 냉각한다는 가정으로 한다.

스택의 입구온도를 60℃, 출구온도를 70℃라 하면 가스가 가지고 가는 열량은 다음과 같다.

애노드에 공급하는 연료의 조성은 S/C=3이라 하면 CO는 모두 시프트 반응으로 CO_2로 변환하므로 반응식은 다음과 같다.

반응식 : $CH_4 + 3H_2O = CO_2 + 4H_2 + H_2O$

여기서는 일단 선택산화반응은 고려하지 않는다(본래 [표 2.15]의 시프트 반응기 출구에서의 CO는 선택산화에 의해 제거된다. 소량의 공기를 넣고 연소시키기 때문에 연료는 손실이 된다. 이때 일부 H_2도 연소되어 손실되는데 여기서는 계산의 편의상 모두 시프트 반응으로 H_2로 변환된다고 가정한다).

이상으로부터 공급하는 메탄의 양은 0.0624kg-mol/h, 개질률은 95%이므로 개질가스 조성은 다음과 같다.

$CH_4 = 0.0624 \times 0.05 = 3.12 \times 10^{-3}$ [kg-mol/h] (잔존 메탄)
$CO_2 = 0.0624 \times 0.95 = 0.0593$ [kg-mol/h]
$H_2 = 0.0624 \times 0.95 \times 4 = 0.2371$ [kg-mol/h]
$H_2O = 0.0624 \times 3 - 0.0624 \times 0.95 \times 2 = 0.0686$ [kg-mol/h]

가스의 현열을 구하는 식은 [표 2.3]에 나타낸 것처럼 다음과 같다.

$$H_{CH_4} = 4.75T + 6 \times 10^{-3}T^2 + 1.01 \times 10^{-6}T^3 - 6.575 \times 10^{-10}T^4$$

$$H_{CO_2} = 5.316T + 7.1425 \times 10^{-3}T^2 - 2.7873 \times 10^{-6}T^3 + 4.46 \times 10^{-10}T^4$$

$$H_{H_2} = 6.952T - 2.288 \times 10^{-4}T^2 + 3.1877 \times 10^{-7}T^3 - 5.1975 \times 10^{-11}T^4$$

$$H_{H_2O} = 7.7T + 2.297 \times 10^{-4}T^2 + 8.4033 \times 10^{-7}T^3 - 2.1468 \times 10^{-10}T^4$$

[표 2.15] PEFC의 열·물질수지의 예

스트림 번호	1		2		3		4		5		6	
위치	연료블로어 출구		연료예열기 출구		개질기 출구		연료예열기 출구		시프트 반응기 출구		애노드 입구	
온도[℃]	20		670		700		210		150		60	
압력[ata]	1.35		1.23		1.18		1.17		1.16		1.14	
유량[kg-mol/h]												
[Nm³/h]	1.4		5.6		8.25		8.25		8.25		8.25	
조성[mol%]												
CH₄	100		25		0.85		0.85		0.85		0.85	
C₂H₆												
C₃H₈												
nC_4H_{10}												
iC_4H_{10}												
C₅H₁₂												
H₂					55.09		55.09		64.14		64.41	
CO					9.32		9.32		0.27		0	
CO₂					6.79		6.79		15.84		16.11	
H₂O			75		27.95		27.95		18.91		18.64	
N₂												
O₂												

스트림 번호	7		8		9		10		11		12	
위치	애노드 출구		연소기 보조연료		연소용 공기		공기블로어 출구		캐소드 입구		캐소드 출구	
온도[℃]	70		20		18		18		60		70	
압력[ata]	1.13		1.35		1.13		1.07		1.06		1.045	
유량[kg-mol/h]												
[Nm³/h]	4		0.2		7.72		20.48		25.08		27.21	
조성[mol%]												
CH₄	1.75		100									
C₂H₆												
C₃H₈												
nC_4H_{10}												
iC_4H_{10}												
C₅H₁₂												
H₂	26.56											
CO												
CO₂	33.23											
H₂O	38.46				1				19.16		33.3	
N₂					78.2		78.2		63.86		58.86	
O₂					20.8		20.8		16.98		7.84	

스트림 번호	13		14		15		16		17		18	
위치	전열교환기 출구		개질기 출구		예열기 출구		배열회수 출구					
온도[℃]			1,090	(1,095)	500	(545)	140	(183)				
압력[ata]	1.033		1.06		1.045		1.033					
유량[kg-mol/h]												
[Nm³/h]	22.61		11.39		11.39		11.39					
조성[mol%]												
CH₄												
C₂H₆												
C₃H₈												
nC_4H_{10}												
iC_4H_{10}												
C₅H₁₂												
H₂												
CO												
CO₂			14.04		14.04		14.04					
H₂O	19.73		28.25		28.25		28.25					
N₂	70.84		53.02		53.02		53.02					
O₂	9.43		4.7		4.7		4.7					

따라서, 60℃에서 70℃의 온도상승에서 애노드 가스가 가져가는 열량은 다음과 같다.

$$Q_F = 27.69[\text{kcal/h}]$$

또한 캐소드에 공급하는 공기는 0.914kg-mol/h이므로 캐소드 가스의 조성은 다음과 같다.

$$N_2 = 0.782 \times 0.914 = 0.7147\,\text{kg-mol/h}$$

$$O_2 = 0.208 \times 0.914 = 0.1901\,\text{kg-mol/h}$$

$$H_2O = 0.01 \times 0.914 = 9.14 \times 10^{-3}\,\text{kg-mol/h}$$

가스의 현열을 구하는 식은 [표 2.3]에 따라 다음과 같다.

$$H_{N_2} = 6.903T - 1.8765 \times 10^{-4}T^2 + 6.4333 \times 10^{-7}T^3 - 1.7153 \times 10^{-10}T^4$$

$$H_{O_2} = 6.085T + 1.8155 \times 10^{-3}T^2 - 5.6967 \times 10^{-7}T^3 + 7.8325 \times 10^{-11}T^4$$

$$H_{H_2O} : 위와 같음$$

따라서, 60℃에서 70℃의 온도상승에서 캐소드 가스가 가져가는 열량은 다음과 같다.

$$Q_{AIR} = 64.12[\text{kcal/h}]$$

따라서, 애노드 가스, 캐소드 가스가 가져가는 열량의 합은 다음과 같다.

$$Q = Q_F + Q_{AIR} = 27.69 + 64.12 = 91.81[\text{kcal/h}]$$

이상으로부터 스택에서의 발열 5,308.8kcal/h는 거의 모두 냉각매체에 의해 냉각할 필요가 있다(5,308.8 - 91.81 = 5,216.99kcal/h).

운전조건에 따라 캐소드에서는 수분이 응축(발열)되거나 증발(흡열)된다. 이번 조건에서는 다소 응축 측에 들어가므로 본래는 그 열도 고려해야 하지만 여기서는 생략했다. 또한 MCFC의 경우, 캐소드 가스를 리사이클하면서 공기 및 연료가스의 현열로 냉각하는 외부개질방식과 스택 내에서 개질반응을 일으켜 스택을 냉각하는 내부개질방식이 있다.

▥5.3 연료전처리시스템

다음으로 검토할 것이 연료의 전처리이다.

① 연료필요량

스택부분에서 가정했으므로 메탄의 공급량은 0.0624kg-mol/h=1.4Nm³/h이다. S/C=3, 개질률은 95%이다.

수증기의 필요량은 $F_{STM}=0.0624 \times 3 = 0.1872[kg\text{-}mol/h] = 4.2[Nm^3/h]$이다.

② 개질에 필요한 열량

정식으로는 개질기 부분에서 설명한 순서대로 평형계산부터 들어갈 필요가 있지만 일단 개질반응에 필요한 열은 어느 정도가 될지 생각해 보자.

개질반응의 식은 다음과 같다.

$$HR_{C1} = 45,364.52 + 15.132T - 6.7161 \times 10^{-3}T^2 - 4.6637 \times 10^{-7}T^3 + 5.8358 \times 10^{-10}T^4$$

개질온도를 700℃라 하면 [표 2.11]에서 개질반응의 열은 다음과 같다.

$$Q_r = 53,824 \times 0.0624 \times 0.95 = 3,190.7[kcal/h]$$

메탄을 S/C=3,700℃, 1.2ata에서 개질하면 온도 접근 0에서는 다음의 조성이 되어 개질률은 96%가 된다. 따라서 개질률 95%는 타당한 값이다.

CH_4 : 0.65%	CO_2 : 6.89%
H_2 : 55.60%	H_2O : 27.52%
CO : 9.35%	합계 : 100%

개질률 95%에서 개질반응($CH_4 + H_2O = CO + 3H_2$)이 일어났을 때의 개질가스의 몰수는 다음과 같다.

CH_4 : 0.0624×0.05	$= 3.12 \times 10^{-3}[kg\text{-}mol/h]$
H_2 : $0.0624 \times 0.95 \times 3$	$= 0.1778[kg\text{-}mol/h]$
CO : 0.0624×0.95	$= 0.0593[kg\text{-}mol/h]$
H_2O : $0.0624 \times 3 - 0.0624 \times 0.95$	$= 0.1279[kg\text{-}mol/h]$
합계	$0.3681[kg\text{-}mol/h]$

실제로는 동시에 시프트 반응이 일어나고 있지만 시프트 반응에서 몰수는 변함이 없으므로 개질 후의 가스는 0.3681/0.0624 = 5.9로 메탄의 5.9배가 된다. 따라서 CO = 0.0624 × 5.9 × 0.0935 = 0.0344[kg-mol/h]가 된다. 앞의 개질반응에서 생성된 CO = 0.0624 × 0.95 = 0.0593이다. 따라서 이 차이가 온도 접근 0으로 했을 때의 개질기에서의 시프트 반응량이다.

$$F_{SFT} = 0.0593 - 0.0344 = 0.0249[kg\text{-}mol/h]$$

시프트 반응 후의 조성은 다음과 같다.

CH_4	3.12×10^{-3} [kg-mol/h]	0.85%
H_2	$0.1778 + 0.025 = 0.2028$ [kg-mol/h]	55.09%
CO	$0.0593 - 0.025 = 0.0343$ [kg-mol/h]	9.32%
CO_2	0.025 [kg-mol/h]	6.79%
H_2O	$0.1279 - 0.025 = 0.1029$ [kg-mol/h]	27.95%
합계	0.3681 [kg-mol/h]	100%

700℃에서의 시프트 반응열은 [표 2.11]에 따라 다음과 같다.

$$Q_{SFT} = -8,416 \times 0.0249 = -209.6[kcal/h]$$

따라서, 개질기에서 필요한 반응열은 다음과 같다.

$$Q_{RFM} = 53,824 \times 0.0624 \times 0.95 - 209.6 = 3,190.7 - 209.6$$
$$= 2,981.1[kcal/h]$$

단, 여기에는 예열의 열량이 포함되어 있지 않다.

예열에 필요한 열량은 원료가스를 연료가습기 출구에서 700℃까지 높이기 위한 열량이다. 가열되는 가스는 다음과 같다.

$$CH_4 : 0.0624\,kg\text{-}mol/h, \quad H_2O : 0.1872\,kg\text{-}mol/h$$

가스의 현열을 구하는 식은 [표 2.3]에 나와 있다.

$$H_{CH_4} = 4.75T + 6 \times 10^{-3}T^2 + 1.01 \times 10^{-6}T^3 - 6.575 \times 10^{-10}T^4$$
$$H_{H_2O} = 7.7T + 2.297 \times 10^{-4}T^2 + 8.4033 \times 10^{-7}T^3 - 2.1468 \times 10^{-10}T^4$$

연료가습기 출구온도를 80℃라 하면 700℃까지 가열하는 데 필요한 열량은 다음과 같다.

$$Q_{PRH} = 1,542.5[kcal/h]$$

이것을 80℃에서 670℃까지 예열하는 열량과 670℃에서 700℃까지 예열하는 열량으로 나누면 전자가 1456.7kcal/h, 후자가 85.8kcal/h가 된다.

③ 개질기의 열원

애노드 배기의 가스 조성은 다음과 같다. CO는 모두 시프트 반응에서 CO_2로 변환되었다고 가정한다. 따라서 반응식은 $CH_4 + 2H_2O = CO_2 + 4H_2$가 된다.

개질률 95%, 연료이용률 80%일 때 애노드 배기는 다음과 같다.

$CH_4 = 0.0624 \times 0.05$	$= 3.12 \times 10^{-3}$ [kg-mol/h]
$CO_2 = 0.0624 \times 0.95$	$= 0.0593$ [kg-mol/h]
$H_2 = 0.0624 \times 0.95 \times 4 = 0.2371 : 0.2371 \times 0.2 = 0.0474$ [kg-mol/h]	
$H_2O = 0.0624 + 0.0624 \times 0.05 \times 2$	$= 0.06864$ [kg-mol/h]
합계	0.1785 [kg-mol/h]

이 중 가연성분은 메탄과 수소뿐이다. 연소열의 식은 [표 2.6]에 나와 있다. 연소열은 연소하는 온도에 따라 달라지는데 25℃와 700℃를 계산해 보면 다음과 같다.

$$HC_{C_1} = -192,688.01 + 3.796T - 2.029 \times 10^{-3}T^2$$
$$- 9.7733 \times 10^{-7}T^3 + 5.175 \times 10^{-10}T^4$$

$$HC_{H_2} = -57,093.62 - 2.2945T - 4.4925 \times 10^{-4}T^2$$
$$+ 8.063 \times 10^{-7}T^3 - 2.0188 \times 10^{-10}T^4$$

$$QC_{H_4} = -191,758.4 \text{ kcal/kg-mol} \times 3.12 \times 10^{-3}$$
$$= -598.3 [\text{kcal/h}(25℃)]$$

$$QC_{H_4} = -191,352 \text{ kcal/kg-mol} \times 3.12 \times 10^{-3}$$
$$= -597.0 [\text{kcal/h}(700℃)]$$

$$Q_{H_2} = -57,797.9 \times 0.0474 = -2,739.6 [\text{kcal/h}(25℃)]$$

$$Q_{H_2} = -59,189.8 \times 0.0474 = -2,805.6 [\text{kcal/h}(700℃)]$$

$$Q_C = 598.3 + 2,739.6 = 3,337.9 [\text{kcal/h}(25℃)]$$

$$Q_C = 597.0 + 2,805.6 = 3,402.6 [\text{kcal/h}(700℃)]$$

이것은 개질기에서의 반응열 2,980.3kcal/h를 조달하기에는 충분하지만 예열을 위한 열량 1,542.5kcal/h(80~700℃)를 포함하면 부족하다. 따라서 예열은 다른 열원이 필요하다.

개질된 가스는 원료가스와 질량이 같고 700℃이므로 이것을 사용할 수 있다. 개질가스의 조성은 다음과 같다. 이 개질가스는 스택에 공급하기 위해 온도를 낮춰야 하며 열량적으로는 원료가스보다 크기 때문에 열교환기에서의 온도차가 허용하는 한 예열은 충분히 가능하다.

CH₄	0.0624×0.05	$= 0.00312\,[\text{kg-mol/h}]$
H₂	$0.0624 \times 0.95 \times 3 = 0.1778 \quad \rightarrow$	$0.1778 + 0.025 = 0.2028\,[\text{kg-mol/h}]$
CO	$0.0624 \times 0.95 = 0.0593 \quad \rightarrow$	$0.0593 - 0.025 = 0.0343\,[\text{kg-mol/h}]$
CO₂		$0.025\,[\text{kg-mol/h}]$
H₂O	$0.0624 \times 2 + 0.0624 \times 0.05 = 0.1279 \quad \rightarrow$	$0.1279 - 0.025 = 0.1029\,[\text{kg-mol/h}]$
합계		$0.3681\,[\text{kg-mol/h}]$

따라서, 개질원료를 개질가스로 670℃까지 예열한다고 하면 연소가스로 커버해야 하는 것은 670℃ 이상이 된다. 원료가스의 670℃에서 700℃까지 예열하는 데 필요한 열량 85.8kcal/h와 개질에 필요한 열량 2,980.3kcal/h를 더한 값 3,066.1kcal/h 가 필요 열량이 된다. 연소열 자체는 이 열량을 보충하는 데 충분하지만 700℃ 이상에서 연소열을 유용하게 사용하기 위해서는 공기와 애노드 배기를 예열할 필요가 있다. 따라서 연소배기가스로 애노드 배기와 공기를 예열한다. 공기와 애노드 배기의 합이 연소배기가스이므로 기본적으로 열교환이 가능하며 열교환 온도차가 허용되는 한 공기와 애노드 배기를 예열한다.

④ 개질기용 연소기

애노드 배기의 유량과 조성은 다음과 같다(실제로는 수분의 일부가 드레인으로 분리되지만 계산의 편의상 그대로 연소기에 들어가는 것으로 한다).

CH₄ : $3.12 \times 10^{-3}\,[\text{kg-mol/h}]$	1.75%
CO₂ : $0.0593\,[\text{kg-mol/h}]$	33.23%
H₂ : $0.0474\,[\text{kg-mol/h}]$	26.56%
H₂O : $0.06864\,[\text{kg-mol/h}]$	38.46%
합계 $0.1785\,[\text{kg-mol/h}]$	100%

이론적으로 필요한 산소량은 다음과 같다.

$$\text{CH}_4 \times 2 + \text{H}_2 \times 0.5 = 0.00312 \times 2 + 0.0474 \times 0.5 = 0.00624 + 0.0237$$
$$= 0.02994\,[\text{kg-mol/h}]$$

공기과잉률을 1.5라 하면 공기량은 다음과 같다.

$$F_{\text{AIR}} = \frac{0.02994}{0.208} \times 1.5 = 0.2159\,[\text{kg-mol/h}]$$

$$N_2 : 0.2159 \times 0.782 = 0.1688 \,[\text{kg-mol/h}]$$
$$O_2 : 0.2159 \times 0.208 = 0.04491 \,[\text{kg-mol/h}]$$
$$H_2O : 0.2159 \times 0.01 = 0.0022 \,[\text{kg-mol/h}]$$

애노드 배기와 공기를 670℃까지 예열하여 연소시키면 연소가스 온도는 약 1,580℃가 되므로 750℃까지의 온도를 낮추는 만큼 개질기의 열량을 조달할 수 있다.

이 경우 연소기의 설계에 고려가 필요할지도 모른다. 촉매연소기는 통상적으로 연소온도가 800℃ 이상이 되면 촉매수명이 짧아진다. 예열을 하기 때문에 연소온도가 높아지는 반면, 버너로 연소하면 연소 후의 산소농도가 상당히 낮아지기 때문에 연소조건을 조금 더 검토할 필요가 있을지도 모르지만 일단 열적으로 균형은 잡혀 있다.

⑤ 연료, 연소용 공기의 예열과 개질용 증기의 발생

연소가스의 조성, 유량은 다음과 같다. 온도는 750℃이므로 이것으로 연료(애노드 배기) 및 연소용 공기의 예열과 개질용 증기를 발생해야 한다.

$$N_2 : 0.1688 \,[\text{kg-mol/h}]$$
$$O_2 : 0.0150 \,[\text{kg-mol/h}]$$
$$CO_2 : 0.0624 \,[\text{kg-mol/h}]$$
$$H_2O : 0.1245 \,[\text{kg-mol/h}]$$
$$\text{합계} \quad 0.3707 \,[\text{kg-mol/h}]$$

열교환기 계산의 상세는 생략하겠으나 연료의 예열에 약 992kcal/h의 열량이 필요하므로 연소가스는 약 455℃까지 온도가 낮아진다. 또한 공기의 예열에 약 1,038kcal/h의 열량이 필요하므로 연소가스는 약 120℃까지 온도가 낮아진다. 실제로는 열손실도 고려해야 하므로 더 이상 증기를 발생시킬 열량은 남아 있지 않다.

여기까지 오면 시스템으로서는 열균형이 잡히지 않는다는 사실을 알게 된다. 그렇다면 어떻게 하면 좋을까? 그만큼 메탄을 연소하는 것이다.

필요한 증기량은 0.1872kg-mol/h = 0.1872 × 18 = 3.37kg/h이다. 이 엔탈피는 급수온도를 65℃, 2ata 증발로 $i = 646 - 65 = 581$kcal/kg이므로 581 × 3.37 = 1,958kcal/h가 된다. 이 중 시프트 반응기에서의 회수열량, 즉 개질가스의 현열(205 − 130℃)과 시프트 반응의 열을 빼면 약 1,500kcal/h의 메탄의 연소가 필요한 것이다.

그러므로 추가 메탄의 양은 1,500/8,555 = 0.175[Nm³/h]가 된다. 따라서 0.2Nm³/h = 8.923 × 10⁻³kg-mol/h의 메탄을 연소한다. 여기에 필요한 공기량은 0.2 × 2 × 1.5

/0.208＝2.8846Nm³/h가 되고, 애노드 배기를 연소하기 위한 공기량 0.2159kg-mol/h
＝4.8392Nm³/h과 합하면 7.7236Nm³/h가 된다.

애노드 배기와 0.2Nm³/h의 메탄을 연소하면 연소온도는 1,693℃로 연소가스는
다음과 같다.

이에 따라 개질용 증기를 발생할 수 있다.

N_2 : 6.0399 [Nm³/h] ＝0.2695 [kg-mol/h]
O_2 : 0.5355 [Nm³/h] ＝0.0239 [kg-mol/h]
CO_2 : 1.5991 [Nm³/h] ＝0.0713 [kg-mol/h]
H_2O : 3.2179 [Nm³/h] ＝0.1436 [kg-mol/h]
합계 11.3924 [Nm³/h] ＝0.5083 [kg-mol/h]

⑥ 시프트 반응기의 운전온도

연료가습기 출구의 원료 80℃를 670℃까지 예열하는 열량은 700℃의 개질가스
가 205℃가 되는 열량에 필적한다. 한편, 저온 시프트에 적합한 온도는 200℃ 전후
이므로 다소의 열손실을 고려하면 적당한 온도영역에 들어간다.

시프트 반응은 발열반응으로 저온 시프트 반응기에서의 반응량이 많으면 온도가
높아져 평형상 CO농도를 낮추는 것이 어려워지기 때문에 일반적으로는 시프트 반
응기를 몇 개의 영역(zone)으로 나누고 있다. 즉 300~500℃ 정도에서 하는 고온
시프트 반응기와 200℃ 전후에서 하는 저온 시프트 반응기를 조합하는 것이 일반적
이다. 다단계로 열교환기와 시프트 반응기를 놓으면 전체적으로는 가능하다는 것을
알고 있으므로 여기서는 그 내용을 생략한다. [그림 2.8]에서는 저온 시프트 반응기
를 냉각하면서 사용함으로써 반응온도를 조정하는 것을 생각하고 있다.

⑦ 선택산화기의 운전온도와 개질용 증기

선택산화기의 운전온도는 150℃ 이하이다. 따라서 개질가스의 온도저하와 원료가
스의 예열 및 수분의 증발열량이 일치해야 한다.

[그림 2.8]의 연료가습기의 열원은 개질가스의 온도저하(205℃에서 130℃)와 시
프트 반응의 발열과 스택 냉각계통의 열이 된다. 그러나 스택 냉각계통의 열은 양적
으로는 많지만 온도가 65℃ 정도로 낮아 분압 관계상 충분한 양을 증발시킬 수 없
다. 또한 개질가스의 온도저하와 시프트 반응의 열은 온도는 높지만 양적으로 적어
S/C(수증기/탄소비)＝3에 맞는 충분한 가습을 할 수 없다. 따라서 선택산화를 위한

온도제어에 중점을 두고 불충분한 것은 개질기의 연소배기가스에서 열회수하여 균형을 맞춘다.

▣ 5.4 그 외

그 다음은 시프트 반응기의 운전온도, 연료가습기의 수분첨가량과 출구가스 온도의 관계, 선택산화기의 운전온도 등 각 기기의 구체적인 운전조건을 고려하면서 미조정을 포함한 상세한 검토가 필요하다. 연소기의 설계도 필요하다.

공기 블로어, 연료 블로어, 펌프 등은 다른 기기와 특별한 상호관계가 없으므로 단독으로 계산하면 된다. 현재, 블로어의 동력은 작고 펌프 쪽이 훨씬 큰 동력을 소비한다고 생각되는데, 충분히 1kW 이내에 들어올 것으로 생각되므로 그 이상 스택의 출력을 높일 필요는 없을 것 같다.

계산결과를 [표 2.15]의 열·물질수지표에 나타냈다. 이상한 곳이 없는지 확인해보기 바란다.

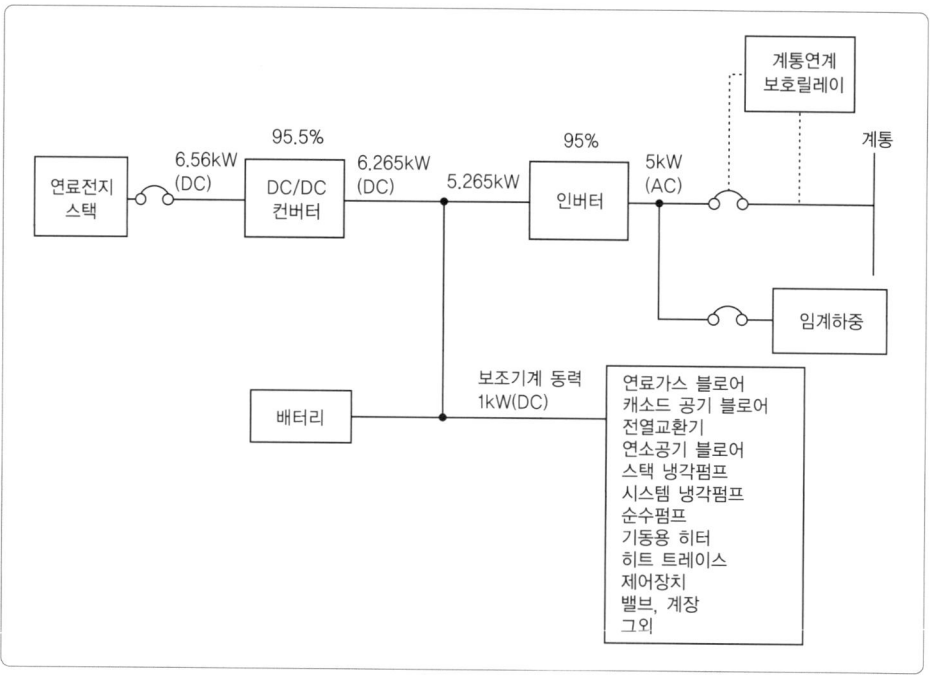

[그림 2.9] 단선결선도

[표 2.15]는 지금까지 설명해 온 계산결과에 따라 나타낸 것이다. 실제로는 시프트 반응기 뒤에 CO제거기가 들어가 소량의 공기가 첨가되어 CO와 수소의 일부가 연소되므로 애노드 입구, 출구 및 연소가스의 조성, 유량이 약간 달라지지만 열균형적으로는 큰 영향이 없다. 또한 이 검토는 실제로 사용하기 위한 시스템이 아니라 열·물질수지 계산을 위한 순서를 설명한 것이므로 이 점을 이해하기 바란다.

이 시스템에서 송전단출력이 5kW([그림 2.9]의 단선결선도 참조) 나온다고 하면 송전단효율은 다음과 같이 31.4%가 된다.

$$\frac{5 \times 860}{(1.4 + 0.2) \times 8,555} = 0.314$$

여전히 개선의 여지가 있으므로 무엇을 개선하면 송전단효율을 높일 수 있을지 독자 여러분도 생각해보기 바란다.

우선은 이번에 계산하지 않은 보조기계 동력이 1kW나 필요하지 않다면 그만큼 송전단효율이 높아진다. 또한 열손실을 고려하지 않고 계산한 만큼 프로세스 내에서 약간 무리가 있을지도 모른다. 그러나 이 그림에서도 열·물질수지 계산 조건을 조금만 조정하면 어느 정도 현실적인 시스템이 가능하지 않을까 생각한다.

실제로 계산을 하시는 분이 새로운 시스템을 생각해보는 것도 좋을 것 같다.

●참고●

1. 개질기([그림 2.8] 참조)

개질촉매는 알루미나에 니켈을 담지(擔持)하고 있는 것이 일반적인데 활성을 높이기 위해 귀금속을 사용하는 것도 있다. 촉매의 충전된 반응부에 탄화수소와 수증기의 혼합가스를 통과시켜 외부에서 가열하는 것이 일반적이다. 촉매의 성능을 평가하는 지표 SV(Space Velocity)는 원료가스 또는 개질가스를 표준상태(0℃, 1atm)로 환산했을 때의 체적유량과 촉매의 충전용적의 비이다. 1시간당 촉매 충전용적의 몇 배의 가스가 흐를 수 있는지를 나타낸다. 그러나 원료가스 베이스인지, 개질가스 베이스인지, dry 베이스인지, wet 베이스인지에 따라 크게 다르다. 또한 개질촉매의 경우는 이론생성 수소량을 기준으로 하는 정의도 있다. 어느 경우든 통상적으로 촉매의 능력에서 촉매량을 결정하는 일은 거의 없다.

개질반응은 흡열반응으로 촉매의 성능이 높아도 외부에서 반응량에 맞는 열량을 부여할 수 없으면 SV를 높일 수 없다. 일반적으로 전열률속으로 되어 있기 때문이다. SV를 높이는 것은 개질기가 소형화되지만 전열면적도 작아져 한정된 전열면적에서 더 많은 열량을 반응부에 투입하려고 하면 열원온도를 높여 온도차를 크게 해야 한다. 온도를 높이면 재료가 특수한 것이 되어 비용이 높아진다. 열원 측에도 다양한 제약조건이 생기게 된다. 이것과 장치 전체의 레이아웃에서 요구되는 형상, 크기 등의 밸런스에서 개질기의 설계조건이 결정된다.

2. 시프트 반응기

300~500℃ 정도로 하는 고온 시프트에는 철계 촉매가, 200℃ 전후로 하는 저온 시프트에는 동-아연계 촉매가 사용된다. 시프트 반응($CO+H_2O \rightarrow CO_2+H_2$)은 화학평형상 저온일수록 CO가 줄어드는데, 발열반응이기 때문에 CO가 너무 대량으로 존재하면 그 발열에 의해 온도가 높아지므로 CO를 충분히 낮게 할 수 없어진다.

일반적으로 시프트 반응기는 단열 하에서 반응시키는 경우가 많은데 CO가 많은 경우는 고온 시프트인 레벨까지 낮춘 뒤 온도를 낮춰 저온 시프트에 거는 방법을 취하고 있다. 고온 시프트와 저온 시프트 간의 냉각에 물의 증발을 이용하는 경우가 있다. 이것은 열교환기의 간소화와 시프트 반응에 필요한 수증기의 발생을 겸한 하나의 아이디어이다.

제3장

계산 프로그램

$$H_2 \rightarrow 2H^+ + 2e$$

$$\frac{1}{2}O_2 + 2H^+ + 2e \rightarrow H_2O$$

1 엑셀에 의한 계산

필자는 프로그램 자체에 대한 충분한 지식이 없어 수작업으로 하는 대신 엑셀을 사용하는 정도인데 독자 여러분은 더 좋은 프로그램을 만들었으면 하는 바람이다.

이번 장에서는 엑셀을 프로그램 계산으로 사용해 본 적이 없는 분에게 엑셀로도 충분히 실용적인 계산 프로그램을 짤 수 있다는 것과 어떠한 순서로 계산하면 좋은지 이해하는 것을 목적으로 한다.

지금까지 연료전지 발전시스템의 열·물질수지 계산을 하는데 필요한 기본적인 계산식은 모두 소개했다. 손으로 계산하면 프로그램을 만들 필요가 없지만 시간이 걸린다. 하나의 케이스밖에 계산하지 않을 때는 프로그램을 만드는 것이 오히려 더 시간이 걸리겠지만 하나의 시스템이라도 최적화 계산을 하거나, 실제로 만든 장치의 운전데이터의 성능 해석을 할 때는 몇 번이고 계산을 해야 하므로 프로그램을 만드는 것이 편리하다.

물론 범용 프로그램을 구입할 수 있다면 그쪽이 신뢰가 높고 유지보수 면에서도 제조사에 의뢰할 수 있으므로 편리하다.

단, 프로그램에 따라 다르지만 일반적으로 고가여서 개인이 구입하는 것은 쉽지 않을 것이다. 필자가 사용하는 방법이 도움이 되었으면 하는 바람으로 여기에 소개한다. 자신의 컴퓨터로 자신이 만든 프로그램을 이용하여 계산하는 것도 즐거운 일이다.

1.1 프로그램의 예

연료전지 발전시스템의 프로그램이라 해도 실제로는 각 기기마다 계산하기 때문에 연료전지가 아니라도 구성기기가 같으면 화학플랜트에서도, 다른 장치에서도 계산할 수 있다.

계산 유닛으로는 개질기, 열교환기, 압축기, 익스팬더, 믹서, 연소기 등이 있으면 대체로 계산할 수 있다.

시스템이 고정되어 있어 크게 변화할 일이 없는 경우는 위의 각 유닛을 조합하여 특정 시스템을 계산하는 프로그램을 만들 수도 있으나, 각 유닛을 단독으로 계산해도 충분히 시스템의 열·물질수지를 얻을 수 있다.

단, 시스템 내에 리사이클 라인을 포함하는 경우는 시스템의 물질수지만 먼저 구하는 프로그램을 만드는 것이 수렴이 빠를 것이다. 시스템에서 각 유닛의 물질변화만 나열하면 되기 때문에 간단한 프로그램이다. 이것을 적당히 수렴할 때까지 필요 횟수만큼 반복할 뿐이므로 이것을 맨 처음에 한다.

아래에 몇 가지 예에 대해 구체적인 프로그램 작성순서를 소개한다.

▣ 1.2 기초데이터의 계산

이것은 [표 2.1]과 [표 2.11]을 만들기 위한 프로그램으로 가장 간단한 것이다.

① 입력, 출력표의 작성

우선 엑셀 화면을 띄우면 세로가 숫자, 가로가 알파벳 셀로 구성된 화면이 나온다. 여기에 계산에 필요한 입력조건과 계산결과를 출력하는 표를 작성한다.

[표 3.1]이 기초데이터 계산의 입력, 출력표이다.

입력은 가는선 테두리로 둘러싸인 부분으로 이 경우는 온도뿐이다. 출력은 굵은선 테두리로 둘러싸인 부분으로 $H_2 + \frac{1}{2}O_2 = H_2O$의 반응열, 자유에너지, 이론전압 및 개질반응($CH_4 + H_2O = CO + 3H_2$)의 반응열, 평형상수 및 시프트 반응($CO + H_2O \rightarrow CO_2 + H_2$)의 반응열과 평형상수이다.

② 프로그램의 작성

툴에서 매크로를 선택하면 매크로와 Visual Basic Editor가 나오는데 Visual Basic Editor를 선택한다. 그러면, 프로그램 화면이 나온다. 검은 화면인 경우는 Sheet 1을 더블클릭하면 흰 화면이 나온다.

그 다음은 여기에 프로그램을 적으면 된다.

[표 3.1] 기초데이터 계산의 입출력표

[표 3.2] 기초데이터의 계산 프로그램

```
Sub BASICDATA()
T = Range("c3")
T = T + 273.15
H = −57093.6 − 2.2945 * T − 4.4925 / 10 ^ 4 * T ^ 2 + 8.064 / 10 ^ 7 * T ^ 3 − 2.01863 / 10 ^ 10 * T ^ 4
G = −57093.6 − 4.9287 * T + 2.2945 * T * Log(T) + 4.4925 / 10 ^ 4 * T ^ 2 − 4.032 / 10 ^ 7 * T ^ 3
+ 6.7288 / 10 ^ 11 * T ^ 4
V0 = −G / 4.60984 / 10 ^ 4
HRC1 = 45364.52 + 15.132 * T − 6.7161 / 10 ^ 3 * T ^ 2 − 4.6637 / 10 ^ 7 * T ^ 3 + 5.8358 / 10 ^ 10* T ^ 4
HSFT = −9678 − 2.158 * T + 6.484 / 10 ^ 3 * T ^ 2 − 3.7367 / 10 ^ 6 * T ^ 3 + 7.4138 / 10 ^ 10 * T ^ 4
GR = 45364.52 + 45.974 * T − 15.132 * T * Log(T) + 6.716 / 10 ^ 3 * T ^ 2 + 2.3318 / 10 ^ 7 * T ^ 3
− 1.9453 / 10 ^ 10 * T ^ 4
KR = Exp(−GR / T / 1.9865)
GS = −9678 + 2.158 * T * Log(T) − 6.484 / 10 ^ 3 * T ^ 2 + 1.8683 / 10 ^ 6 * T ^ 3 − 2.4713 / 10 ^10
* T ^ 4 − 0.9241 * T
KS = Exp(−GS / T / 1.9865)

Range("c5") = H
Range("c7") = G
Range("c9") = V0
Range("c11") = HRC1
Range("c13") = HSFT
Range("c15") = KR
Range("c17") = KS

End Sub
```

[표 3.2]는 기초데이터의 계산 프로그램이다.

우선, 프로그램명을 정해야 하는데 형식은 Sub라고 쓰고, 다음은 프로그램명을 넣고, 마지막으로 괄호( )를 넣는다.

그런 다음, 입력데이터를 불러 넣는데 이번에는 온도뿐이다.

형식은 T=Range("c3")이라고 되어 있는데 [표 3.1]의 온도를 기재하는 부분의 주소("c3")에 있는 데이터를 T라는 이름으로 불러 넣으라는 의미이다. 다음은 필요한 계산식을 나열하고, 마지막으로 계산결과를 출력한다.

출력 지시는 입력과 반대이다. Range("c5")=H는 H의 값을 [표 3.1]의 주소(c5)에 기재하라는 의미이다.

이 프로그램에서는 수렴 계산이 일절 없으므로 계산식의 입력만 틀리지 않으면 계산결과가 확실히 나오고, 프로그램의 체크도 식만 체크하면 되므로 가장 간단한 프로그램이다.

③ 프로그램의 실행

온도를 입력하고 나면 '툴'에서 '매크로', '매크로', '실행'을 선택한다. 계산조건에 문제가 없으면 바로 답이 나온다. 몇 초가 지나도 답이 나오지 않으면 'Esc'로 빠져나와 재검토할 필요가 있다.

📋 1.3 압축기의 계산

① 입력, 출력표의 작성

기초데이터의 계산과 마찬가지로 엑셀 화면에 계산에 필요한 입력조건과 계산결과를 출력하는 표를 작성한다.

[표 3.3]은 압축기 계산의 입력, 출력표를 나타낸다.

입력해야 하는 항목은 가는선 테두리로 된 부분이다. 가스의 유량과 조성, 입구의 압력과 온도, 출구의 압력, 단열효율, 기계효율, 모터효율이다. 필자의 경우는 프로그램 관계상 압축기 출구온도의 초기값을 넣는다. 출력은 굵은선으로 된 부분으로 압축기의 축동력과 모터동력, 그 외 참고데이터가 나온다.

가스의 종류는 N_2, O_2, CO_2, H_2O, H_2, CO, CH_4, C_2H_6, C_3H_6, $C_4H_{10}N$, $C_4H_{10}I$, C_5H_{12}를 넣는데 대체로 이것으로 족하다. 부족한 경우는 추가할 필요가 있다.

[표 3.3]에 나와 있는 가스에 대해서는 프로그램 내에 필요한 데이터를 미리 입력

해두어야 하므로 입력, 출력표를 작성하는 단계에서 결정할 필요가 있는데 이것저것 다 넣으면 입력데이터가 많아 프로그램을 작성하는 것도 그만큼 힘이 든다. 하지만 당연히 그만큼 범용성도 생기기 때문에 작성자의 목적과 희망에 따라 입력, 출력항목을 결정한다.

연료전지 발전시스템에는 공기(N_2, O_2), 개질가스(H_2, CO, CO_2, H_2O), 천연가스(CH_4, C_2H_6, C_3H_8, nC_4H_{10}, iC_4H_{10}, C_5H_{12})의 조성이 들어 있으면 대체로 족하다.

[표 3.3] 압축기 계산의 입출력표

표 2.0 압축기 계산 프로그램 입출력표

	a	b	c	d	e
		유량	조성	유량	조성
		[kg-mol/h]	[mol%]	[kg/h]	[wt%]
5	N2I				
6	O2I				
7	CO2I				
8	H2OI				
9	H2I				
10	COI				
11	CH4I				
12	C2H6I				
13	C3H8I				
14	C4H10NI				
15	C4H10II				
16	C5H12I				
17					
18	TMI		TWI		
19					
20	TIN		(입구온도)		
21	TOUT		(출구온도)		
22	[ata]				
23	PIN		(입구압력)		
24	POUT		(출구압력)		
25	[%]				
26	EFFC		(압축기 단열효율)		
27	EFFMECH		(기계효율)		
28	EFFM		(모터효율)		
29	LC[kW]		(축동력)		
30	LM[kW]		(모터동력)		
31					
32	CP		(비열)		
33	MW		(몰웨이트)		
34	ADINDX		(단열지수)		
35	(유량고정 : 1, 조성고정 : 2)				
36	KEISAN		(계산방법의 선택)		

② 계산 프로그램의 작성

기초데이터와 마찬가지로 툴에서 매크로를 선택하면 매크로와 Visual Basic Editor가 나오는데 Visual Basic Editor를 선택한다. 그러면 프로그램 화면이 나온다.

다음은 여기에 프로그램을 쓰면 된다. 기본적으로는 기초데이터일 때와 동일한데, 프로그램이 조금 길어졌다는 것, 평균비열과 압축기 토출온도 간의 모순을 없애기 위한 반복 계산이 들어갔다는 것, 계산을 위한 데이터를 미리 프로그램 안에 넣어놓고 필요에 따라 사용할 수 있도록 했다는 것 등이 다른 점이다. 당연히 프로그램이 길어지면 체크도 힘들어지고 반복하여 계산이 들어가면 수렴하지 않을 가능성도 있으므로 주의가 필요하다.

[표 3.4]에 압축기의 프로그램 예를 나타냈다. 이 프로그램을 이용해도 계산은 해주지만 모범적인 예는 아니므로 직접 더 좋은 프로그램을 만들어보기 바란다.

우선, 프로그램명을 넣는다. Sub COMPRESSOR( ) 중 COMPRESSOR 부분은 자유롭게 이름지어도 되지만 Sub와 ( )는 필요하므로 반드시 기입한다.

다음은 데이터 불러오기이다. 데이터의 이름을 정하고 그 데이터를 입력, 출력표 주소에서 불러온다.

[표 3.4]의 경우, 맨 처음이 N2I=Range("b5")로 되어 있다. N2I는 필자가 붙인 질소가스의 이름이다. 입출력표의 주소 b5에 기재된 데이터를 질소가스의 유량으로 하라는 의미이다. 이하, 마찬가지로 필요한 모든 데이터를 불러온다.

이 조작은 스텝 1 이전에 하고 있다.

다음은 계산이다.

이 프로그램에서는 총 유량과 조성의 몰%를 넣어도, 각 성분의 유량을 넣어도 계산되도록 하였으므로 어느 쪽 계산방식으로 할 것인지를 정하여 입력한다.

따라서 각 조성의 유량이 입력되어 있지 않은 경우는 각 조성의 유량을, 각 조성의 몰%가 입력되어 있지 않은 경우는 몰%를 처음에 계산하고 있다. 그리고 그 단계에서 곧바로 출력시키고 있다. 이 계산은 스텝 20 이전에 하고 있다.

출력 예는 Range("b5")=N2I의 경우 입출력표의 주소 b5에 N2I의 데이터를 기재하라는 것을 의미한다.

스텝 20에서는 중량유량 및 wt%로 환산하여 그것을 출력하고 있다. 이것은 반드시 필요한 조작은 아니다. 필자의 경우 중량 베이스가 이해하기 쉬워서이다. 따라서 스텝 20 이하에는 중량 베이스로 계산되어 있다.

[표 3.4] 압축기의 계산 프로그램

```
Sub COPRESSOR()
N2I = Range("b5")
O2I = Range("b6")
CO2I = Range("b7")
H2OI = Range("b8")
H2I = Range("b9")
COI = Range("b10")
CH4I = Range("b11")
C2H6I = Range("b12")
C3H8I = Range("b13")
C4H10NI = Range("b14")
C4H10II = Range("b15")
C5H12I = Range("b16")
TMI = Range("b18")
MN2I = Range("c5")
MO2I = Range("c6")
MCO2I = Range("c7")
MH2OI = Range("c8")
MH2I = Range("c9")
MCOI = Range("c10")
MCH4I = Range("c11")
MC2H6I = Range("c12")
MC3H8I = Range("c13")
MC4H10NI = Range("c14")
MC4H10II = Range("c15")
MC5H12I = Range("c16")
TIN = Range("b20")
TOUT = Range("b21")
PIN = Range("b23")
POUT = Range("b24")
EFFC = Range("b26")
EFFMECH = Range("b27")
EFFM = Range("b28")
KEISAN = Range("b36")
   If KEISAN = 1 Then GoTo 10
   N2I = TMI * MN2I / 100
   O2I = TMI * MO2I / 100
   CO2I = TMI * MCO2I / 100
   H2OI = TMI * MH2OI / 100
   H2I = TMI * MH2I / 100
   COI = TMI * MCOI / 100
   CH4I = TMI * MCH4I / 100
   C2H6I = TMI * MC2H6I / 100
```

```
   C3H8I = TMI * MC3H8I / 100
   C4H10NI = TMI * MC4H10NI / 100
   C4H10II = TMI * MC4H10II / 100
   C5H12I = TMI * MC5H12I / 100
   Range("b5") = N2I
   Range("b6") = O2I
   Range("b7") = CO2I
   Range("b8") = H2OI
   Range("b9") = H2I
   Range("b10") = COI
   Range("b11") = CH4I
   Range("b12") = C2H6I
   Range("b13") = C3H8I
   Range("b14") = C4H10NI
   Range("b15") = C4H10II
   Range("b16") = C5H12I
   GoTo 20
10 TMI = N2I + O2I + CO2I + H2OI + H2I + COI + CH4I + C2H6I + C3H8I + C4H10NI + C4H10II
   + C5H12I
   MN2I = N2I / TMI * 100
   MO2I = O2I / TMI * 100
   MCO2I = CO2I / TMI * 100
   MH2OI = H2OI / TMI * 100
   MH2I = H2I / TMI * 100
   MCOI = COI / TMI * 100
   MCH4I = CH4I / TMI * 100
   MC2H6I = C2H6I / TMI * 100
   MC3H8I = C3H8I / TMI * 100
   MC4H10NI = C4H10NI / TMI * 100
   MC4H10II = C4H10II / TMI * 100
   MC5H12I = C5H12I / TMI * 100
   Range("c5") = MN2I
   Range("c6") = MO2I
   Range("c7") = MCO2I
   Range("c8") = MH2OI
   Range("c9") = MH2I
   Range("c10") = MCOI
   Range("c11") = MCH4I
   Range("c12") = MC2H6I
   Range("c13") = MC3H8I
   Range("c14") = MC4H19NI
   Range("c15") = MC4H10II
   Range("c16") = MC5H12I
   Range("b18") = TMI
20 N2W = 28.0135 * N2I
```

```
O2W = 31.9988 * O2I
CO2W = 44.0095 * CO2I
H2OW = 18.0153 * H2OI
H2W = 2.0159 * H2I
COW = 28.0101 * COI
CH4W = 16.0425 * CH4I
C2H6W = 30.0691 * C2H6I
C3H8W = 44.0957 * C3H8I
C4H10NW = 58.1223 * C4H10NI
C4H10IW = 58.1223 * C4H10II
C5H12W = 72.1489 * C5H12I
TWI = N2W + O2W + CO2W + H2OW + H2W + COW + CH4W + C2H6W + C3H8W +
C4H10NW + C4H10IW + C5H12W
MW = TWI / TMI
WN2I = N2W / TWI * 100
WO2I = O2W / TWI * 100
WCO2I = CO2W / TWI * 100
WH2OI = H2OW / TWI * 100
WH2I = H2W / TWI * 100
WCOI = COW / TWI * 100
WCH4I = CH4W / TWI * 100
WC2H6I = C2H6W / TWI * 100
WC3H8I = C3H8W / TWI * 100
WC4H10NI = C4H10NW / TWI * 100
WC4H10II = C4H10IW / TWI * 100
WC5H12I = C5H12W / TWI * 100
Range("d5") = N2W
Range("d6") = O2W
Range("d7") = CO2W
Range("d8") = H2OW
Range("d9") = H2W
Range("d10") = COW
Range("d11") = CH4W
Range("d12") = C2H6W
Range("d13") = C3H8W
Range("d14") = C4H10NW
Range("d15") = C4H10IW
Range("d16") = C5H12W
Range("d18") = TWI
Range("e5") = WN2I
Range("e6") = WO2I
Range("e7") = WCO2I
Range("e8") = WH2OI
Range("e9") = WH2I
Range("e10") = WCOI
```

```
        Range("e11") = WCH4I
        Range("e12") = WC2H6I
        Range("e13") = WC3H8I
        Range("e14") = WC4H10NI
        Range("e15") = WC4H10II
        Range("e16") = WC5H12I
        TIN = TIN + 273.15
        TOUT = TOUT + 273.15
30  T = (TIN + TOUT) / 2
        If N2I = 0 Then GoTo 35
        GoSub 1000
        CPN2 = CPN2 / 28.0134 * WN2I / 100
35  If O2I = 0 Then GoTo 40
        GoSub 1010
        CPO2 = CPO2 / 31.9988 * WO2I / 100
40  If CO2I = 0 Then GoTo 45
        GoSub 1020
        CPCO2 = CPCO2 / 44.0098 * WCO2I / 100
45  If H2OI = 0 Then GoTo 50
        GoSub 1030
        CPH2O = CPH2O / 18.0152 * WH2OI / 100
50  If H2I = 0 Then GoTo 55
        GoSub 1040
        CPH2 = CPH2 / 2.0158 * WH2I / 100
55  If COI = 0 Then GoTo 60
        GoSub 1050
        CPCO = CPCO / 28.0104 * WCOI / 100
60  If CH4I = 0 Then GoTo 65
        GoSub 1060
        CPCH4 = CPCH4 / 16.0426 * WCH4I / 100
65  If C2H6I = 0 Then GoTo 70
        GoSub 1070
        CPC2H6 = CPC2H6 / 30.0694 * WC2H6I / 100
70  If C3H8I = 0 Then GoTo 75
        GoSub 1080
        CPC3H8 = CPC3H8 / 44.0962 * WC3H8I / 100
75  If C4H10NI = 0 Then GoTo 80
        GoSub 1090
        CPC4H10N = CPC4H10N / 58.123 * WC4H10NI / 100
80  If C4H10II = 0 Then GoTo 85
        GoSub 1100
        CPC4H10I = CPC4H10I / 58.123 * WC4H10II / 100
85  If C5H12I = 0 Then GoTo 90
        GoSub 1110
        CPC5H12 = CPC5H12 / 72.15 * WC5H12I / 100
```

```
90  CP = CPN2 + CPO2 + CPCO2 + CPH2O + CPH2 + CPCO + CPCH4 + CPC2H6 +
CPC3H8 + CPC4H10N + CPC4H10I + CPC5H12
92 ADINDX = 1.9865 / MW / CP
   PR = POUT / PIN
100 TOUTX = TIN * (1 + (PR ^ ADINDX − 1) / EFFC * 100)
   If TOUTX / TOUT >1.001 Then GoTo 200
   If TOUTX / TOUT< 0.999 Then GoTo 300
   GoTo 500
200 If TOUTX / TOUT >1.3 Then GoTo 210
   If TOUTX / TOUT >1.1 Then GoTo 220
   If TOUTX / TOUT >1.02 Then GoTo 230
   If TOUTX / TOUT >1.001 Then GoTo 240
   GoTo 500
210 TOUT = TOUT * 1.03
   GoTo 30
220 TOUT = TOUT * 1.01
   GoTo 30
230 TOUT = TOUT * 1.002
   GoTo 30
240 TOUT = TOUT * 1.0001
   GoTo 30
300 If TOUTX / TOUT< 0.7 Then GoTo 310
   If TOUTX / TOUT< 0.9 Then GoTo 320
   If TOUTX / TOUT< 0.98 Then GoTo 330
   If TOUTX / TOUT< 0.999 Then GoTo 340
   GoTo 500
310 TOUT = TOUT * 0.97
   GoTo 30
320 TOUT = TOUT * 0.99
   GoTo 30
330 TOUT = TOUT * 0.998
   GoTo 30
340 TOUT = TOUT * 0.9999
   GoTo 30
500 TOUT = TIN * (1 + (PR ^ ADINDX − 1) / EFFC * 100)
   LC = CP * (TOUT − TIN) * TWI / 860
   LM = LC / EFFMECH / EFFM * 10000
   TOUT = TOUT − 273.15
   Range("c21") = TOUT
   Range("b29") = LC
   Range("b30") = LM
   Range("b32") = CP
   Range("b33") = MW
   Range("b34") = ADINDX
   End
```

```
1000 CPN2 = 6.903 − 3.753 / 10 ^ 4 * T + 1.93 / 10 ^ 6 * T ^ 2 − 6.861 / 10 ^ 10 * T ^ 3
     Return
1010 CPO2 = 6.085 + 3.631 / 10 ^ 3 * T − 1.709 / 10 ^ 6 * T ^ 2 + 3.133 / 10 ^ 10 * T ^ 3
     Return
1020 CPCO2 = 5.316 + 1.4285 / 10 ^ 2 * T − 8.362 / 10 ^ 6 * T ^ 2 + 1.784 / 10 ^ 9 * T ^ 3
     Return
1030 CPH2O = 7.7 + 4.594 / 10 ^ 4 * T + 2.521 / 10 ^ 6 * T ^ 2 − 8.587 / 10 ^ 10 * T ^ 3
     Return
1040 CPH2 = 6.952 − 4.576 / 10 ^ 4 * T + 9.563 / 10 ^ 7 * T ^ 2 − 2.079 / 10 ^ 10 * T ^ 3
     Return
1050 CPCO = 6.726 + 4.001 / 10 ^ 4 * T + 1.283 / 10 ^ 6 * T ^ 2 − 5.307 / 10 ^ 10 * T ^ 3
     Return
1060 CPCH4 = 4.75 + 1.2 / 10 ^ 2 * T + 3.03 / 10 ^ 6 * T ^ 2 − 2.63 / 10 ^ 9 * T ^ 3
     Return
1070 CPC2H6 = 1.648 + 4.124 / 10 ^ 2 * T − 1.53 / 10 ^ 5 * T ^ 2 + 1.74 / 10 ^ 9 * T ^ 3
     Return
1080 CPC3H8 = −0.966 + 7.279 / 10 ^ 2 * T − 3.755 / 10 ^ 5 * T ^ 2 + 7.58 / 10 ^ 9 * T ^ 3
     Return
1090 CPC4H10N = 0.945 + 8.873 / 10 ^ 2 * T − 4.38 / 10 ^ 5 * T ^ 2 + 8.36 / 10 ^ 9 * T ^ 3
     Return
1100 CPC4H10I = −1.89 + 9.936 / 10 ^ 2 * T − 5.495 / 10 ^ 5 * T ^ 2 + 11.92 / 10 ^ 9 * T ^ 3
     Return
1110 CPC5H12 = 1.618 + 10.85 / 10 ^ 2 * T − 5.365 / 10 ^ 5 * T ^ 2 + 10.1 / 10 ^ 9 * T ^ 3
     Return

End Sub
```

다음으로 입구온도, 출구온도를 ℃에서 절대온도로 변환하여 스텝 30에서 입구, 출구의 평균온도를 내고 있다. 이것을 베이스로 각 조성의 비열을 내고 있다. 프로그램의 맨 끝, End 이후에 각 조성의 비열 데이터가 입력되어 있다. 비열의 식은 온도(T)의 함수로 넣었으므로 필요할 때 GoSub로 갈 곳을 지시하여 T를 넣으면 비열을 계산해준다. T의 초기값은 입력된 입구, 출구의 평균온도이다. 스텝 30에서는 GoSub 1000, CPN2=CPN2/28.0134×WN2I/100으로 되어 있는데, 우선 스텝 1000으로 가서 T에서부터 CPN2를 계산하라는 의미이다. 다음으로 kcal/kg-mol·℃를 kcal/kg·℃로 환산하고, 다시 대상으로 하는 가스의 중량%/100을 곱하여 평균비열을 내는 조작을 하고 있다. 이렇게 하여 각 조성의 비열에서 혼합가스의 비열을 구한다.

다음으로 압축기의 계산 준비이다. 스텝 92에서 비열에서 단열지수 $(\kappa-1)/\kappa$를 구하고, 입력한 입구, 출구압력에서 압축비를 구하고 있다.

다음은 스텝 100에서 압축기 출구온도를 계산하고 있다. 이 계산에서 나온 값은 당연히 입력한 출구온도와 다르므로 그 차이의 크기에 따라 출구온도를 수정하여 다시 비열 계산부터 반복하여 가정한 출구온도와 계산한 출구온도가 일정 범위 안에 들어올 때까지 반복한다.

다음으로 스텝 500에서 최종적인 압축기 출구온도와 축동력 및 모터동력을 계산하여 출력한다. 더 효과적인 수렴방법을 알고 있다면 그 방법을 이용해 보기 바란다.

현재의 컴퓨터는 성능이 좋기 때문에 일반적으로 이 프로그램에서도 즉시 답이 나온다. 만약 10초가 지나도 답이 나오지 않으면 수렴하지 않고 있으므로 Esc로 빠져나와 다른 데이터를 입력하여 확인해보거나 경우에 따라서는 프로그램을 수정해야 한다.

개질기, 열교환기, 압축기, 익스팬더, 믹서, 연소기 등 모든 데이터와 계산식을 넣으면 동일한 방법으로 계산해주는데 개질반응의 평형계산 등 약간의 온도변화로 결과가 크게 달라지는 경우는 위의 방법으로는 수렴하지 못하는 경우가 있으므로 수렴방법에 대해서는 더 좋은 방법을 사용하기 바란다.

▮▮1.4 개질기의 계산

이 프로그램은 압축기의 계산과 비교하면 상당히 복잡하므로 이대로는 입력조건에 따라서는 수렴하지 못하는 경우도 있는데, 여기서는 계산순서를 어떻게 하면 계산할 수 있는지의 예를 소개한다. 프로그램 자체의 개량은 독자 여러분에게 맡기고 싶다.

① 입력, 출력표의 작성

입력으로는 [표 3.5]의 가는선으로 둘러싸인 부분으로 개질원료의 조성, 유량, 공급온도, 개질온도, 온도 접근, 개질기 출구온도, S/C, 운전압력, 열손실, 거기에 가열원의 가스 조성, 유량, 공급온도, 초기값으로서의 출구온도이다.

출력으로는 [표 3.5]의 굵은선으로 둘러싸인 부분으로 예열을 위한 열량, 개질반응열량, 출구온도까지 가열하기 위한 열량, 합계열량, 개질가스의 조성과 유량, 시프트 반응과 개질반응의 평형상수 및 가열원 측의 출구온도와 열량이다.

② 계산 프로그램의 작성

[표 3.6]에 프로그램의 예를 나타냈다.

계산방법으로는 '조성에서'와 '유량에서' 중 선택할 수 있다는 것과 공급원료 내의 수증기량이 지정된 S/C보다 높을 때 S/C의 지시를 무시하고 공급원료를 그대로 개질하는 등 다소 유연성이 있다는 것도 프로그램이 긴 이유이다.

스텝 1 이전은 입력데이터의 불러오기이다. 다음은 스텝 30 이전 부분으로 개질원료와 가열원의 가스유량, 조성을 계산하여 출력시키는 것은 압축기와 동일하다.

다음은 스텝 30에서 압력을 ata에서 atm으로 변환하고 있다. 이것은 평형계산을 위한 것이다. 다음은 메탄 이외의 성분을 개질반응시켜 CH_4, H_2, CO, CO_2, H_2O로 된 조성을 내고 개질반응의 평형계산을 할 수 있도록 한다.

다음은 개질온도를 절대온도로 변환하고, 스텝 40에서 시프트 반응의 평형상수를 계산하여 평형 조성을 산출한다. 실제로는 GoSub에서 스텝 1000~1090에서 시프트 반응의 평형 조성을 구하고 있다. 다음은 개질온도에서 온도 접근을 뺀 온도에 기초하여 개질반응의 평형 조성을 구한다.

[표 3.5] 개질기 계산의 입출력표

	A	B	C	D	E	F	G
1			리포머 계산 프로그램				
2							
3		개질가스 유량, 조성			가열측 가스유량, 조성		
4		[kgmol/Hr]	[mol%]		[kgmol/Hr]	[mol%]	
5	CH4RI	100	24.93765586	CH4CI	0	0	
6	C2H6RI	0	0	H2CI	0	0	
7	C3H8RI	0	0	COCI	0	0	
8	C4H10NRI	0	0	CO2CI	0	0	
9	C4H10IRI	0	0	H2OCI	0	0	
10	C5H12RI	0	0	N2CI	1,000	83.333333	
11	N2RI	0	0	O2CI	200	16.666667	
12	H2RI	0		C2H6CI	0	0	
13	CORI	1	0.249376559	C3H8CI	0	0	
14	CO2RI	0	0	C4H10NCI	0	0	
15	H2ORI	300	74.81296758	C5H12CI	0	0	
16		[TMRI]	[TMNG]		[TMCI]		
17	합계유량	401			1200		
18	입구온도	[C]			[C]		
19	출구온도	200			1000		
20	개질온도	800			197.4009966		
21	접근	700	700				
22		0					
23		[kcal/Hr]			[kcal/Hr]		
24	QRI	2057772.939	(반응온도까지의 열량)	QC	7398053.09		
25	QRR	4827874.243	(반응열량)				
26	QRC	505098.8451	(출구온도까지의 열량)				
27	QTL	7400746.127	(합계열량)				
28	SBYC	1	(S/C)				
29			(원료가스의 조성, 합계유량에서 계산 : 1, 각 조성의 유량이 정해져 있다 : 2)				
30			(가열측 가스의 조성, 합계유량에서 계산 : 3, 각 조성의 유량이 정해져 있다 : 4)				
31	KEISAN	24	: 13, 14, 23, 24				
32		[ata]					
33	운전압력	1.2					
34							
35	개질가스	[kgmol/Hr]	[Mol%]				
36	CH4	3.868912477	0.652142112				
37	H2	328.5319479	55.54575392				
38	CO	55.99240221	9.438053624				
39	CO2	41.13888531	6.934317919				
40	H2O	162.7302272	27.42973242				
41	N2	0	0				
42		[TMRO]					
43	합계유량	593.262175					
44							
45	C	100	(탄소몰수)				
46	KS	1.487820722	(시프트 평형상수)				
47	KR	12.07665538	(개질 평형상수)				
48	열손실	10000					
49							

실제로는 GoSub에서 스텝 1200~1370에서 개질가스의 조성을 계산하고 있다. 개질과 시프트의 평형을 동시에 만족하는 조성을 구하기 위해 이 스텝을 여러 번 반복하고 있다. 여기서 개질기 출구의 조성이 정해지면 스텝 100 이후에서 각 가스의 유량, 몰%를 계산하여 출력한다.

[표 3.6] 개질기의 계산 프로그램

```
Sub RFM()
CH4RI = Range("b5")
C2H6RI = Range("b6")
C3H8RI = Range("b7")
C4H10NRI = Range("b8")
C4H10IRI = Range("b9")
C5H12RI = Range("b10")
N2RI = Range("b11")
H2RI = Range("b12")
CORI = Range("b13")
CO2RI = Range("b14")
H2ORI = Range("b15")
MCH4RI = Range("c5")
MC2H6RI = Range("c6")
MC3H8RI = Range("c7")
MC4H10NRI = Range("c8")
MC4H10IRI = Range("c9")
MC5H12RI = Range("c10")
MN2RI = Range("c11")
MH2RI = Range("c12")
MCORI = Range("c13")
MCO2RI = Range("c14")
MH2ORI = Range("c15")
TMRI = Range("b17")
TMNG = Range("c17")
CH4CI = Range("e5")
H2CI = Range("e6")
COCI = Range("e7")
CO2CI = Range("e8")
H2OCI = Range("e9")
N2CI = Range("e10")
O2CI = Range("e11")
C2H6CI = Range("e12")
C3H8CI = Range("e13")
C4H10NCI = Range("e14")
C5H12CI = Range("e15")
TMCI = Range("e17")
MCH4CI = Range("f5")
MH2CI = Range("f6")
MCOCI = Range("f7")
MCO2CI = Range("f8")
MH2OCI = Range("f9")
MN2CI = Range("f10")
MO2CI = Range("f11")
```

```
MC2H6CI = Range("f12")
MC3H8CI = Range("f13")
MC4H10NCI = Range("f14")
MC5H12CI = Range("f15")
TRI = Range("b19")
TRO = Range("b20")
TRR = Range("b21")
TAPR = Range("b22")
TCI = Range("e19")
TCO = Range("e20")
PAVR = Range("b33")
SBYC = Range("b28")
KEISAN = Range("b31")
HL = Range("b48")
  If KEISAN = 23 Then GoTo 5
  If KEISAN = 24 Then GoTo 5
  CH4RI = MCH4RI * TMNG / 100
  C2H6RI = MC2H6RI * TMNG / 100
  C3H8RI = MC3H8RI * TMNG / 100
  C4H10NRI = MC4H10NRI * TMNG / 100
  C4H10IRI = MC4H10IRI * TMNG / 100
  C5H12RI = MC5H12RI * TMNG / 100
  N2RI = MN2RI * TMNG / 100
  H2RI = MH2RI * TMNG / 100
  CORI = MCORI * TMNG / 100
  CO2RI = MCO2RI * TMNG / 100
  H2ORI = MH2ORI * TMNG / 100
  Range("b5") = CH4RI
  Range("b6") = C2H6RI
  Range("b7") = C3H8RI
  Range("b8") = C4H10NRI
  Range("b9") = C4H10IRI
  Range("b10") = C5H12RI
  Range("b11") = N2RI
  Range("b12") = H2RI
  Range("b13") = CORI
  Range("b14") = CO2RI

5 C = CH4RI + 2 * C2H6RI + 3 * C3H8RI + 4 * C4H10NRI + 4 * C4H10IRI + 5 * C5H12RI
  If H2ORI > SBYC * C Then GoTo 7
  H2ORI = SBYC * C
7 TMRI = CH4RI + C2H6RI + C3H8RI + C4H10NRI + C4H10IRI + C5H12RI + N2RI +
H2RI + CORI + CO2RI + H2ORI
  MCH4RI = CH4RI / TMRI * 100
  MC2H6RI = C2H6RI / TMRI * 100
```

```
MC3H8RI = C3H8RI / TMRI * 100
MC4H10NRI = C4H10NRI / TMRI * 100
MC4H10IRI = C4H10IRI / TMRI * 100
MC5H12RI = C5H12RI / TMRI * 100
MN2RI = N2RI / TMRI * 100
MH2RI = H2RI / TMRI * 100
MCORI = CORI / TMRI * 100
MCO2RI = CO2RI / TMRI * 100
MH2ORI = H2ORI / TMRI * 100

Range("c5") = MCH4RI
Range("c6") = MC2H6RI
Range("c7") = MC3H8RI
Range("c8") = MC4H10NRI
Range("c9") = MC4H10IRI
Range("c10") = MC5H12RI
Range("c11") = MN2RI
Range("c12") = MH2RI
Range("c13") = MCORI
Range("c14") = MCO2RI
Range("c15") = MH2ORI
Range("b15") = H2ORI
Range("b17") = TMRI
10 If KEISAN = 14 Then GoTo 20
If KEISAN = 24 Then GoTo 20
CH4CI = MCH4CI * TMCI / 100
H2CI = MH2CI * TMCI / 100
COCI = MCOCI * TMCI / 100
CO2CI = MCO2CI * TMCI / 100
H2OCI = MH2OCI * TMCI / 100
N2CI = MN2CI * TMCI / 100
O2CI = MO2CI * TMCI / 100
C2H6CI = MC2H6CI * TMCI / 100
C3H8CI = MC3H8CI * TMCI / 100
C4H10NCI = MC4H10NCI * TMCI / 100
C5H12CI = MC5H12CI * TMCI / 100
Range("e5") = CH4CI
Range("e6") = H2CI
Range("e7") = COCI
Range("e8") = CO2CI
Range("e9") = H2OCI
Range("e10") = N2CI
Range("e11") = O2CI
Range("e12") = C2H6CI
Range("e13") = C3H8CI
```

```
    Range("e14") = C4H10NCl
    Range("e15") = C5H12Cl
    GoTo 30
20 TMCl = CH4Cl + H2Cl + COCl + CO2Cl + H2OCl + N2Cl + O2Cl + C2H6Cl + C3H8Cl
+ C4H10NCl + C5H12Cl
    MCH4Cl = CH4Cl / TMCl * 100
    MH2Cl = H2Cl / TMCl * 100
    MCOCl = COCl / TMCl * 100
    MCO2Cl = CO2Cl / TMCl * 100
    MH2OCl = H2OCl / TMCl * 100
    MN2Cl = N2Cl / TMCl * 100
    MO2Cl = O2Cl / TMCl * 100
    MC2H6Cl = C2H6Cl / TMCl * 100
    MC3H8Cl = C3H8Cl / TMCl * 100
    MC4H10NCl = C4H10NCl / TMCl * 100
    MC5H12Cl = C5H12Cl / TMCl * 100
    Range("f5") = MCH4Cl
    Range("f6") = MH2Cl
    Range("f7") = MCOCl
    Range("f8") = MCO2Cl
    Range("f9") = MH2OCl
    Range("f10") = MN2Cl
    Range("f11") = MO2Cl
    Range("f12") = MC2H6Cl
    Range("f13") = MC3H8Cl
    Range("f14") = MC4H10NCl
    Range("f15") = MC5H12Cl
    Range("e17") = TMCl
30 P = PAVR / 1.0332
    CH4 = CH4RI
    H2 = H2RI + 5 * C2H6RI + 7 * C3H8RI + 9 * C4H10NRI + 9 * C4H10IRI + 11 * C5H12RI
    CO = CORI + C - CH4RI
    CO2 = CO2RI
    H2O = H2ORI - C + CH4RI
    TMRO = CH4 + H2 + CO + CO2 + H2O + N2RI
    T = TRR + 273.15
40 GoSub 1000
    T = TRR + 273.15 - TAPR
    GoSub 1200
    T = TRR + 273.15
    GoSub 1000
    T = TRR + 273.15 - TAPR
    GoSub 1200
    T = TRR + 273.15
    GoSub 1000
```

```
T = TRR + 273.15 - TAPR
GoSub 1200
T = TRR + 273.15
GoSub 1000
T = TRR + 273.15 - TAPR
GoSub 1200
T = TRR + 273.15
GoSub 1000
T = TRR + 273.15 - TAPR
GoSub 1200
T = TRR + 273.15
GoSub 1000
T = TRR + 273.15 - TAPR
GoSub 1200
T = TRR + 273.15
GoSub 1000
T = TRR + 273.15 - TAPR
GoSub 1200
T = TRR + 273.15
GoSub 1000
T = TRR + 273.15 - TAPR
GoSub 1200
T = TRR + 273.15
GoSub 1000
T = TRR + 273.15 - TAPR
GoSub 1200
T = TRR + 273.15
GoSub 1000
T = TRR + 273.15 - TAPR
GoSub 1200
T = TRR + 273.15
GoSub 1000
T = TRR + 273.15 - TAPR
GoSub 1200
T = TRR + 273.15
GoSub 1000
T = TRR + 273.15 - TAPR
GoSub 1200
T = TRR + 273.15
GoSub 1000
T = TRR + 273.15 - TAPR
GoSub 1200
T = TRR + 273.15
GoSub 1000
T = TRR + 273.15 - TAPR
GoSub 1200
T = TRR + 273.15
GoSub 1000
T = TRR + 273.15 - TAPR
```

```
GoSub 1200
T = TRR + 273.15
GoSub 1000
T = TRR + 273.15 − TAPR
GoSub 1200
T = TRR + 273.15
GoSub 1000
T = TRR + 273.15 − TAPR
GoSub 1200
T = TRR + 273.15
GoSub 1000
T = TRR + 273.15 − TAPR
GoSub 1200
T = TRR + 273.15
GoSub 1000
T = TRR + 273.15 − TAPR
GoSub 1200
T = TRR + 273.15
GoSub 1000
T = TRR + 273.15 − TAPR
GoSub 1200
T = TRR + 273.15
GoSub 1000
T = TRR + 273.15 − TAPR
GoSub 1200
T = TRR + 273.15
GoSub 1000
T = TRR + 273.15 − TAPR
GoSub 1200
T = TRR + 273.15
GoSub 1000
T = TRR + 273.15 − TAPR
GoSub 1200
T = TRR + 273.15
GoSub 1000
T = TRR + 273.15 − TAPR
GoSub 1200
T = TRR + 273.15
GoSub 1000
T = TRR + 273.15 − TAPR
GoSub 1200
T = TRR + 273.15
GoSub 1000
T = TRR + 273.15 − TAPR
GoSub 1200
```

```
100 CH4RO = CH4
    N2RO = N2RI
    H2ORO = H2O
    H2RO = H2
    CORO = CO
    CO2RO = CO2
    MCH4RO = CH4RO / TMRO * 100
    MH2RO = H2RO / TMRO * 100
    MCORO = CORO / TMRO * 100
    MCO2RO = CO2RO / TMRO * 100
    MH2ORO = H2ORO / TMRO * 100
    MN2RO = N2RO / TMRO * 100
    Range("b36") = CH4RO
    Range("b37") = H2RO
    Range("b38") = CORO
    Range("b39") = CO2RO
    Range("b40") = H2ORO
    Range("b41") = N2RO
    Range("b43") = TMRO
    Range("c36") = MCH4RO
    Range("c37") = MH2RO
    Range("c38") = MCORO
    Range("c39") = MCO2RO
    Range("c40") = MH2ORO
    Range("c41") = MN2RO
    Range("b45") = C
    Range("b46") = KS
    Range("b47") = KR
    T = TRI + 273.15
200 If CH4RI = 0 Then GoTo 205
    GoSub 1400
    HCH4RI = HCH4
205 If C2H6RI = 0 Then GoTo 210
    GoSub 1410
    HC2H6RI = HC2H6
210 If C3H8RI = 0 Then GoTo 215
    GoSub 1420
    HC3H8RI = HC3H8
215 If C4H10NRI = 0 Then GoTo 220
    GoSub 1430
    HC4H10NRI = HC4H10N
220 If C4H10IRI = 0 Then GoTo 225
    GoSub 1440
    HC4H10IRI = HC4H10I
225 If C5H12RI = 0 Then GoTo 230
```

```
    GoSub 1450
    HC5H12RI = HC5H12
230 If N2RI = 0 Then GoTo 235
    GoSub 1460
    HN2RI = HN2
235 If H2ORI = 0 Then GoTo 240
    GoSub 1470
    HH2ORI = HH2O
240 If H2RI = 0 Then GoTo 245
    GoSub 1480
    HH2RI = HH2
245 If CORI = 0 Then GoTo 250
    GoSub 1490
    HCORI = HCO
250 If CO2RI = 0 Then GoTo 255
    GoSub 1500
    HCO2RI = HCO2
255 T = TRR + 273.15
    If CH4RI = 0 Then GoTo 305
    GoSub 1400
    QCH4RI = (HCH4 − HCH4RI) * CH4RI
305 If C2H6RI = 0 Then GoTo 310
    GoSub 1410
    QC2H6RI = (HC2H6 − HC2H6RI) * C2H6RI
310 If C3H8RI = 0 Then GoTo 315
    GoSub 1420
    QC3H8RI = (HC3H8 − HC3H8RI) * C3H8RI
315 If C4H10NRI = 0 Then GoTo 320
    GoSub 1430
    QC4H10NRI = (HC4H10N − HC4H10NRI) * C4H10NRI
320 If C4H10IRI = 0 Then GoTo 325
    GoSub 1440
    QC4H10IRI = (HC4H10I − HC4H10IRI) * C4H10IRI
325 If C5H12RI = 0 Then GoTo 330
    GoSub 1450
    QC5H12RI = (HC5H12 − HC5H12RI) * C5H12RI
330 If N2RI = 0 Then GoTo 335
    GoSub 1460
    QN2RI = (HN2 − HN2RI) * N2RI
335 If H2ORI = 0 Then GoTo 340
    GoSub 1470
    QH2ORI = (HH2O − HH2ORI) * H2ORI
340 If H2RI = 0 Then GoTo 345
    GoSub 1480
    QH2RI = (HH2 − HH2RI) * H2RI
```

```
345 If CORI = 0 Then GoTo 350
   GoSub 1490
   QCORI = (HCO - HCORI) * CORI
350 If CO2RI = 0 Then GoTo 355
   GoSub 1500
   QCO2RI = (HCO2 - HCO2RI) * CO2RI
355 QRI = QCH4RI + QC2H6RI + QC3H8RI + QC4H10NRI + QC4H10IRI + QC5H12RI +
QN2RI + QH2ORI + QH2RI + QCORI + QCO2RI
   If CH4RI = 0 Then GoTo 360
   GoSub 1520
   QC1 = HRC1 * (CH4RI - CH4RO)
360 If C2H6RI = 0 Then GoTo 365
   GoSub 1530
   QC2 = HRC2 * C2H6RI
365 If C3H8RI = 0 Then GoTo 370
   GoSub 1540
   QC3 = HRC3 * C3H8RI
370 If C4H10NRI = 0 Then GoTo 375
   GoSub 1550
   QC4N = HRC4N * C4H10NRI
375 If C4H10IRI = 0 Then GoTo 380
   GoSub 1560
   QC4I = HRC4I * C4H10IRI
380 If C5H12RI = 0 Then GoTo 385
   GoSub 1570
   QC5 = HRC5 * C5H12RI
385 GoSub 1580
   QSFT = HSFT * (C + CORI - CH4RO - CORO)
   QRR = QC1 + QC2 + QC3 + QC4N + QC4I + QC5 + QSFT
   T = TRO + 273.15
   GoSub 1400
   HCH4RO = HCH4
   GoSub 1460
   HN2RO = HN2
   GoSub 1470
   HH2ORO = HH2O
   GoSub 1480
   HH2RO = HH2
   GoSub 1490
   HCORO = HCO
   GoSub 1500
   HCO2RO = HCO2
   T = TRR + 273.15

   GoSub 1400
```

```
        QCH4RO = (HCH4RO − HCH4) * CH4RO
        GoSub 1460
        QN2RO = (HN2RO − HN2) * N2RO
        GoSub 1470
        QH2ORO = (HH2ORO − HH2O) * H2ORO
        GoSub 1480
        QH2RO = (HH2RO − HH2) * H2RO
        GoSub 1490
        QCORO = (HCORO − HCO) * CORO
        GoSub 1500
        QCO2RO = (HCO2RO − HCO2) * CO2RO
        QRO = QCH4RO + QN2RO + QH2ORO + QH2RO + QCORO + QCO2RO
        QTL = QRI + QRR + QRO + HL
        Range("b24") = QRI
        Range("b25") = QRR
        Range("b26") = QRO
        Range("b27") = QTL
        If QTL<0 Then GoTo 386
        GoTo 387
386 Range("e20") = TCI
        Range("e24") = QTL
        End
387 T = TCI + 273.15
        If CH4CI = 0 Then GoTo 388
        GoSub 1400
        HCH4CI = HCH4
388 If H2CI = 0 Then GoTo 390
        GoSub 1480
        HH2CI = HH2
390 If COCI = 0 Then GoTo 395
        GoSub 1490
        HCOCI = HCO
395 If CO2CI = 0 Then GoTo 400
        GoSub 1500
        HCO2CI = HCO2
400 If H2OCI = 0 Then GoTo 405
        GoSub 1470
        HH2OCI = HH2O
405 If N2CI = 0 Then GoTo 407
        GoSub 1460
        HN2CI = HN2
407 If O2CI = 0 Then GoTo 408
        GoSub 1510
        HO2CI = HO2
408 If C2H6CI = 0 Then GoTo 409
```

```
    GoSub 1410
    HC2H6Cl = HC2H6
409 If C3H8Cl = 0 Then GoTo 410
    GoSub 1420
    HC3H8Cl = HC3H8
410 If C4H10NCl = 0 Then GoTo 411
    GoSub 1430
    HC4H10NCl = HC4H10N
411 If C5H12Cl = 0 Then GoTo 415
    GoSub 1450
    HC5H12Cl = HC5H12
415 T = TCO + 273.15
    If CH4Cl = 0 Then GoTo 420
    GoSub 1400
    QCH4Cl = (HCH4Cl − HCH4) * CH4Cl
420 If H2Cl = 0 Then GoTo 430
    GoSub 1480
    QH2Cl = (HH2Cl − HH2) * H2Cl
430 If COCl = 0 Then GoTo 435
    GoSub 1490
    QCOCl = (HCOCl − HCO) * COCl
435 If CO2Cl = 0 Then GoTo 437
    GoSub 1500
    QCO2Cl = (HCO2Cl − HCO2) * CO2Cl
437 If H2OCl = 0 Then GoTo 440
    GoSub 1470
    QH2OCl = (HH2OCl − HH2O) * H2OCl
440 If N2Cl = 0 Then GoTo 445
    GoSub 1460
    QN2Cl = (HN2Cl − HN2) * N2Cl
445 If O2Cl = 0 Then GoTo 446
    GoSub 1510
    QO2Cl = (HO2Cl − HO2) * O2Cl
446 If C2H6Cl = 0 Then GoTo 447
    GoSub 1410
    QC2H6Cl = (HC2H6Cl − HC2H6) * C2H6Cl
447 If C3H8Cl = 0 Then GoTo 448
    GoSub 1420
    QC3H8Cl = (HC3H8Cl − HC3H8) * C3H8Cl
448 If C4H10NCl = 0 Then GoTo 449
    GoSub 1430
    QC4H10NCl = (HC4H10NCl − HC4H10N) * C4H10NCl
449 If C5H12Cl = 0 Then GoTo 450
    GoSub 1450
    QC5H12Cl = (HC5H12Cl − HC5H12) * C5H12Cl
```

```
450 QCI = QCH4CI + QH2CI + QCOCI + QCO2CI + QH2OCI + QN2CI + QO2CI +
QC2H6CI + QC3H8CI + QC4H10NCI + QC4H10ICI + QC5H12CI
    If QCI / QTL < 0.999 Then GoTo 455
    If QCI / QTL > 1.001 Then GoTo 468
    GoTo 500
455 If QCI / QTL < 0.7 Then GoTo 460
    If QCI / QTL < 0.9 Then GoTo 462
    If QCI / QTL < 0.98 Then GoTo 464
    If QCI / QTL < 0.999 Then GoTo 466
    GoTo 500
460 TCO = TCO * 0.99
    GoTo 415
462 TCO = TCO * 0.997
    GoTo 415
464 TCO = TCO * 0.999
    GoTo 415
466 TCO = TCO * 0.99995
    GoTo 415
468 If QCI / QTL > 1.3 Then GoTo 470
    If QCI / QTL > 1.1 Then GoTo 472
    If QCI / QTL > 1.02 Then GoTo 480
    If QCI / QTL > 1.001 Then GoTo 490
    GoTo 500
470 TCO = TCO * 1.01
    GoTo 415
472 TCO = TCO * 1.003
    GoTo 415
480 TCO = TCO * 1.001
    GoTo 415
490 TCO = TCO * 1.00005
    GoTo 415
500 Range("e24") = QCI
    Range("e20") = TCO




    End
1000 GS = -9678 + 2.158 * T * Log(T) - 6.484 / 10 ^ 3 * T ^ 2 + 1.8683 / 10 ^ 6 * T ^ 3
    - 2.4713 / 10 ^ 10 * T ^ 4 - 0.9241 * T
1010 KS = Exp(-GS / T / 1.9865)
1020 X1 = KS * CO + KS * H2O + CO2 + H2
1030 X2 = (X1) ^ 2
1040 X3 = 4 * (KS - 1) * (KS * CO * H2O - CO2 * H2)
1050 X4 = 2 * (KS - 1)
```

```
1060 If CO2 * H2 / CO / H2O > KS Then GoTo 1070
     If CO2 * H2 / CO / H2O < KS Then GoTo 1080
     If CO2 * H2 / CO / H2O = KS Then GoTo 1090
1070 XS = -X1 / X4 + (X2 - X3) ^ 0.5 / X4
     H2 = H2 - XS
     CO = CO + XS
     CO2 = CO2 - XS
     H2O = H2O + XS
     Return
1080 XS = X1 / X4 - (X2 - X3) ^ 0.5 / X4
     H2 = H2 + XS
     CO = CO - XS
     CO2 = CO2 + XS
     H2O = H2O - XS
1090 Return
1200 GR = 45364.52 + 45.974 * T - 15.132 * T * Log(T) + 6.716 / 10 ^ 3 * T ^ 2 + 2.3318/
     10 ^ 7 * T ^ 3 - 1.9453 / 10 ^ 10 * T ^ 4
     KR = Exp(-GR / T / 1.9865)
     XR = 0
1210 KRX = (CO + XR) * (H2 + 3 * XR) ^ 3 * P ^ 2 / (CH4 - XR) / (H2O - XR) / (TMRO +
2 * XR) ^ 2
1220 If KRX / KR < 0.9999 Then GoTo 1260
     If KRX / KR > 1.0001 Then GoTo 1270
1260 If KRX / KR < 0.1 Then GoTo 1300
     If KRX / KR < 0.5 Then GoTo 1310
     If KRX / KR < 0.9 Then GoTo 1320
     If KRX / KR < 0.99 Then GoTo 1330
1265 CH4 = CH4 - XR
     H2O = H2O - XR
     CO = CO + XR
     H2 = H2 + 3 * XR
     TMRO = TMRO + 2 * XR
     Return
1270 KRX = (CO + XR) * (H2 + 3 * XR) ^ 3 * P ^ 2 / (CH4 - XR) / (H2O - XR) / (TMRO +
2 * XR) ^ 2
     If KRX / KR > 10 Then GoTo 1340
     If KRX / KR > 2 Then GoTo 1350
     If KRX / KR > 1.1 Then GoTo 1360
     If KRX / KR > 1.01 Then GoTo 1370
     CH4 = CH4 - XR
     H2O = H2O - XR
     CO = CO + XR
     H2 = H2 + 3 * XR
     TMRO = TMRO + 2 * XR
     Return
```

```
1300 XR = XR + CH4 / 500
     GoTo 1210
1310 XR = XR + CH4 / 1000
     GoTo 1210
1320 XR = XR + CH4 / 10000
     GoTo 1210
1330 XR = XR + CH4 / 100000
     GoTo 1210
1340 XR = XR - CH4 / 500
     GoTo 1270
1350 XR = XR - CH4 / 1000
     GoTo 1270
1360 XR = XR - CH4 / 10000
     GoTo 1270
1370 XR = XR - CH4 / 100000
     GoTo 1270

1400 HCH4 = 4.75 * T + 6 / 10 ^ 3 * T ^ 2 + 1.01 / 10 ^ 6 * T ^ 3 - 6.575 / 10 ^ 10 * T ^ 4
     Return
1410 HC2H6 = 1.648 * T + 2.062 / 10 ^ 2 * T ^ 2 - 5.1 / 10 ^ 6 * T ^ 3 + 4.35 / 10 ^ 10 * T ^ 4
     Return
1420 HC3H8 = -0.966 * T + 3.6395 / 10 ^ 2 * T ^ 2 - 1.2517 / 10 ^ 5 * T ^ 3 + 1.895 / 10 ^ 9 *
     T ^ 4
     Return
1430 HC4H10N = 0.945 * T + 4.4365 / 10 ^ 2 * T ^ 2 - 1.46 / 10 ^ 5 * T ^ 3 + 2.09 / 10 ^ 9 * T
     ^ 4
     Return
1440 HC4H10I = -1.89 * T + 4.968 / 10 ^ 2 * T ^ 2 - 1.8317 / 10 ^ 5 * T ^ 3 + 2.98 / 10 ^ 9 * T
     ^ 4
     Return
1450 HC5H12 = 1.618 * T + 5.425 / 10 ^ 2 * T ^ 2 - 1.7883 / 10 ^ 5 * T ^ 3 + 2.525 / 10 ^ 9 * T
     ^ 4
     Return
1460 HN2 = 6.903 * T - 1.8765 / 10 ^ 4 * T ^ 2 + 6.433 / 10 ^ 7 * T ^ 3 - 1.7153 / 10 ^ 10 * T ^4
     Return
1470 HH2O = 7.7 * T + 2.297 / 10 ^ 4 * T ^ 2 + 8.4033 / 10 ^ 7 * T ^ 3 - 2.1468 / 10 ^ 10 * T ^4
     Return
1480 HH2 = 6.952 * T - 2.288 / 10 ^ 4 * T ^ 2 + 3.1877 / 10 ^ 7 * T ^ 3 - 5.1975 / 10 ^ 11 * T ^4
     Return
1490 HCO = 6.726 * T + 2.0005 / 10 ^ 4 * T ^ 2 + 4.2767 / 10 ^ 7 * T ^ 3 - 1.3268 / 10 ^ 10 * T
     ^ 4
     Return
1500 HCO2 = 5.316 * T + 7.1425 / 10 ^ 3 * T ^ 2 - 2.7873 / 10 ^ 6 * T ^ 3 + 4.46 / 10 ^ 10 * T ^ 4
```

```
    Return
1510 HO2 = 6.085 * T + 1.8155 / 10 ^ 3 * T ^ 2 − 5.6967 / 10 ^ 7 * T ^ 3 + 7.8325 / 10 ^ 11
* T ^ 4
    Return
1520 HRC1 = 45364.52 + 15.132 * T − 6.7161 / 10 ^ 3 * T ^ 2 − 4.6637 / 10 ^ 7 * T ^ 3 +
5.8358 / 10 ^ 10 * T ^ 4
    Return
1530 HRC2 = 75496.74 + 31.164 * T − 2.1823 / 10 ^ 2 * T ^ 2 + 5.8685 / 10 ^ 6 * T ^ 3 −
5.3088 / 10 ^ 10 * T ^ 4
    Return
1540 HRC3 = 108083.77 + 46.708 * T − 3.8086 / 10 ^ 2 * T ^ 2 + 1.351 / 10 ^ 5 * T ^ 3 −
2.0128 / 10 ^ 9 * T ^ 4
    Return
1550 HRC4N = 141865.09 + 57.727 * T − 4.6543 / 10 ^ 2 * T ^ 2 + 1.5818 / 10 ^ 5 * T ^ 3 −
2.2298 / 10 ^ 9 * T ^ 4
    Return
1560 HRC4I = 143040.83 + 60.562 * T − 5.1858 / 10 ^ 2 * T ^ 2 + 1.9535 / 10 ^ 5 * T ^ 3 −
3.1198 / 10 ^ 9 * T ^ 4
    Return
1570 HRC5 = 175616.65 + 69.984 * T − 5.6915 / 10 ^ 2 * T ^ 2 + 1.9326 / 10 ^ 5 * T ^ 3 −
2.6867 / 10 ^ 9 * T ^ 4
    Return
1580 HSFT = −9678 − 2.158 * T + 6.484 / 10 ^ 3 * T ^ 2 − 3.7367 / 10 ^ 6 * T ^ 3 + 7.4138
/ 10 ^ 10 * T ^ 4
    Return
 End Sub
```

그 다음은 열량 계산뿐이다. 스텝 200에서 355까지는 원료의 공급온도에서 개질온도까지의 예열열량을 구하고 있다. 다음은 개질반응의 열량을 구한다. 개질반응의 양은 메탄의 경우 개질기의 입구와 출구의 차이만큼 반응한 것이 되고, 그 외의 C_2H_6에서 C_5H_{12}까지는 100% 개질된다고 하였다.

개질반응에서 생성되는 가스 조성은 최종적인 평형상태보다 CO가 많은 상태이므로 시프트 반응에 의해 최종 평형 조성에 맞추게 되는데, 스텝 385에서 이를 위한 시프트 반응의 열량을 계산한다. 개질반응과 시프트 반응의 열량을 더한 것이 개질기의 반응열이 된다.

단, 개질반응은 흡열반응이고, 시프트 반응은 통상적으로 발열반응이다.

다음으로 개질반응 온도에서 개질기 출구온도까지 높이기 위한 열량을 산출한다.

이상으로 개질기에서 필요한 열량이 모두 계산된 것이다. 원료를 예열하기 위한 열량, 개질 및 시프트의 열량, 출구온도까지 높이기 위한 열량의 합계이다. 물론 여기에 열손실을 고려할 필요가 있다.

다음은 가열원의 계산이다. 이것은 열교환기의 계산과 동일하며 스텝 490까지 이 계산을 하고 있다. 이 열량과 개질기에서 필요로 하는 열량이 일치했을 때의 출구온도를 구하기 위해 반복하여 계산하고 있다. 처음에는 초기값으로 계산하기 때문에 일치하지 않지만 그 차이의 크기에 따라 온도를 조정함으로써 최종적으로 일치하는 출구온도를 구하고 있다.

그 다음은 출구 항목을 출력하면 끝이다.

제4장

발전효율에서 본 시스템의 최적화

$$H_2 \rightarrow 2H^+ + 2e$$

$$\frac{1}{2}O_2 + 2H^+ + 2e \rightarrow H_2O$$

최적의 연료전지 발전시스템이란 무엇인가를 정의하는 것은 어느 정도 가능하지만 이것을 이론적으로 추구하는 것은 어려운 문제이다. 일반적으로 같은 발전효율이라면 비용이 저렴한 것이 우수하고, 같은 비용이라면 발전효율이 높은 것이 좋다는 것은 틀림없다. 그럼, 발전효율은 높지만 비용이 높은 것과 발전효율은 낮지만 비용이 낮은 것 중 어느 쪽이 우수할까? 일반적으로는 발전원가를 계산해서 발전원가가 싼 쪽이 우수하다. 그러나 경제성을 검토하는 기초가 되는 전기요금이나 연료비용은 각 사용자마다 다르므로 일반적인 답을 구하기는 어려울 것이다. 또 컴팩트성과 사용편리성도 중요한 평가요인이 된다.

즉 발전효율의 최고값은 열역학적 관점에서 정해지지만 실제 발전효율은 상품가치에서 정해진다.

현재 주로 개발되고 있는 연료전지는 AFC, PEFC, PAFC, MCFC, SOFC이다. 이 중 AFC는 연료와 산화제 내에 CO_2가 들어 있지 않는 것이 조건이므로 일반적인 용도로는 어렵고 이것을 제외한 4종류의 연료전지 발전시스템을 개관하여 연료전지의 종류와 용도에 따라 왜 발전효율이 달라지는지, 어느 연료전지가 우수한지, 각각의 연료전지 발전효율을 더 높일 수 없는지, 이 4가지 연료전지보다 더 좋은 연료전지를 만들려면 어떻게 해야 하는지 등의 논의를 예상하여 발전효율에 대해 살펴보려한다.

개발의 역사를 보면 PEFC, PAFC, MCFC, SOFC 순서이므로 발전효율도 이 순서대로 좋아졌겠지만 앞으로 또 다른 연료전지가 등장할지도 모를 일이다.

물론 발전효율만이 연료전지 발전시스템의 평가요인도 아니고, 다양한 연료전지 중에서 가장 좋은 것이 하나만 살아남는다는 것도 아니다. 각각의 특징을 살린 용도에 사용되는 것이 오히려 일반적이다.

예를 들어 압축기에는 축유식, 원심식, 왕복동식, 로터리식, 스크류식, 그 외 다양한 종류가 있는데 현재 모두 사용되고 있다. 압축하는 가스의 양이 많고 압축비가 비교적 작을 때는 축유식이 적합하고, 반대로 압축비가 크고 가스의 양이 적을 때는 왕복동식이 적합한데 그 이유는 각각의 특징이 다르기 때문이다.

연료전지 발전설비를 상품으로 봤을 때의 평가요인은 여러 가지가 있는데 그 중에서 어떻게 하면 발전효율을 높일 수 있는가는 비교적 쉽게 이론적 추구가 가능하다.

따라서 발전효율이 높은 시스템이란 무엇인가를 이해한 다음 경제성, 신뢰성, 컴팩트성, 사용편리성 등에서 본 타협안을 받아들이는 것이 이해하기 쉬우므로 여기서는 발전효율만으로 시스템을 생각해보자.

발전단효율은 제2장 발전효율에서 설명했듯이 아래 식으로 나타낼 수 있다.

$$\eta_\text{g} = \frac{\Delta G_{H_2} \times 4}{\Delta H_{CH_4}} \times \eta_\text{ref} \times U_\text{f} \times \frac{V}{V_0} \times \eta_\text{inv}$$

이 식에서 보면 $\Delta G_{H_2} \times 4 / \Delta H_{CH_4}$는 정해진 값이므로 생각할 여지가 없다. V_0도 정해진 값이므로 변경할 수 없다. 따라서 발전효율을 높이기 위해서는 개질률, 연료이용률, 운전전압, 인버터 효율을 높이게 된다. 이 중 인버터는 자사에서 제작되는 경우든, 몇 개의 후보 제조사 중에서 변환효율, 신뢰성, 비용 등을 평가기준으로 선택하는 경우든 시스템을 열역학적 관점에서 검토하는 데는 특별히 중요하지 않다. 물론 인버터의 변환효율이 높은 것일수록 발전효율이 높아지는 것은 당연하며, 직류로 공급하면 인버터의 변환손실량 만큼 발전효율은 높아진다.

따라서 스택의 운전전압, 개질률, 연료이용률의 향상이 발전단효율을 높이는데 중요하다고 할 수 있다.

또한 스택에서 전기가 되지 않은 에너지는 열이 되므로 이것의 이용도 중요한 과제이다.

발전효율 면에서 보면 이 열을 가스터빈 등을 이용하여 전기로 바꾸는 것이 되므로 운전온도가 높을수록 변환효율이 높아진다. 따라서 저온형 연료전지에서는 배열을 동력회수에 사용하지 않고 그대로 열로 사용하는 코제너레이션 시스템이 일반적이다. 고온형 연료전지의 경우는 가스터빈과의 하이브리드 시스템이 많다. 가스터빈을 사용할 때는 압력이 있는 편이 동력회수가 용이하며, 압력이 높은 편이 스택의 전압도 높아지므로 운전압력의 선정도 중요하다. 그 외에 압력손실과 열손실도 송전단효율에 영향을 미치는 요인이다.

1 PEFC 발전시스템

1.1 시스템의 개요

PEFC는 자동차용 동력원, 가정용 코제너레이션 설비, 휴대용 전원 등을 목적으로 현재 개발 중인데 가장 주목받고 있는 것은 연료전지이다. 운전온도가 낮아 취급이 용이하고, 전해질막이 얇아 전류밀도를 높일 수 있기 때문에 설비를 소형화할 수 있다는 것이 가장 큰 이유이다.

[그림 4.1]은 가정용 코제너레이션 설비의 개념을 나타낸 것이다.

PEFC는 운전온도가 낮기 때문에 전극에 백금 등의 촉매를 사용하고 있고, CO는 이 촉매의 피독이 되기 때문에 연료전처리 과정에서 CO농도를 충분히 낮출 필요가 있다.

천연가스 등의 연료가스는 필요에 따라 블로어로 압력을 높여 탈황된 후 수증기와 혼합하여 개질기에 공급된다. [그림 4.1]에서는 애노드 배기를 공기로 연소하여 개

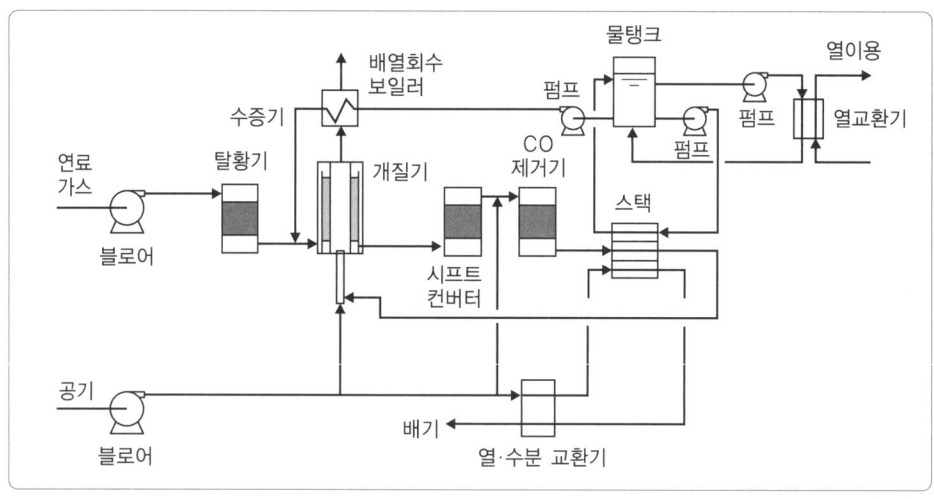

[그림 4.1] PEFC 흐름도

질기의 열원으로 하고 있다. 연료가스 내에 완전연소에 필요한 공기의 1/3 정도를 직접 혼합하여 연소시킴으로써 개질에 필요한 열을 공급하는 오토서멀방식을 이용하는 곳도 있으나 발전효율 면에서는 수증기 개질 쪽이 유리하다. 개질기를 나온 수소리치가스는 시프트 컨버터에 유입되어 시프트 반응($CO+H_2O \rightarrow CO_2+H_2$)에 의해 CO농도를 0.1~0.5% 정도까지 낮춘다. 그런 다음, 미량의 공기를 도입하여 CO제거기에 유입되어 여기서 CO가 선택적으로 산화된다. 실제로는 이 과정에서 일부 수소도 산화되어 버린다. 출구의 CO농도는 10ppm 이하가 목표이다.

CO제거기를 나온 연료가스는 애노드에 공급되는데 애노드에서의 CO에 의한 폐해를 줄이기 위해 연료가스 내에 다시 미량의 공기를 공급하는 경우도 있다. 애노드에서는 $H_2=2H^++2e$ 반응으로 수소가 수소이온(프로톤)으로 변하여 캐소드로 이동한다. 캐소드에서 $2H^++2e+\frac{1}{2}O_2=H_2O$ 반응으로 발전을 하는 것인데, 애노드에 공급한 모든 수소가 이 반응을 일으키는 것은 아니다.

애노드 배기 중에 남은 가연성분, 즉 CH_4, H_2, CO는 개질기의 버너에서 공기에 의해 연소되어 개질기의 열원이 된다. 다시 개질기를 나온 연소배기가스는 배열회수 보일러에 유입되어 거기서 개질용 증기를 발생한다.

공기는 블로어에서 개질기의 연소용과 캐소드의 발전반응용으로 공급되는데, 캐소드에 공급되는 공기는 예열과 가습이 필요하므로 배기가 가진 열과 수분을 회수하거나 온수와 접촉시키는 방법이 취해진다.

스택은 발전반응에 의해 발열하므로 물로 냉각하여 다시 열교환기를 통해 온수로 회수하고 있다. [그림 4.1]에서는 편의상 스택을 직접 물로 냉각하도록 되어 있는데 실제로는 동결을 피하기 위해 동결되지 않는 열 매체를 사용하는 경우도 있다.

🔋 1.2 발전효율

이 시스템의 발전효율은 30~35%(송전단, LHV 기준) 정도이다.

이 시스템의 발전효율이 낮은 것은 운전온도가 낮다는 것이 가장 큰 원인이다. 스택의 운전온도는 60~70℃ 정도이므로 발전반응에서 발생하는 열은 개질에도, 수증기 발생에도 이용할 수 없다. 그러므로 애노드 배기 중에는 개질과 수증기 발생에 필요한 연료가 남아 있어야 한다.

발전반응에서 실제로 발전반응에 사용된 수소와 애노드에 공급된 수소의 비율을 연료이용률이라 하는데, 이 시스템의 연료이용률의 최대는 개질기에서 어느 정도의 연료를 필요로 하는지로 결정된다. 오토서멀방식을 사용하면 설비는 간단하지만 연료의 일부가 연소되기 때문에 발전효율 면에서는 더 낮아진다. 또 운전온도가 낮을수록 CO의 허용값이 줄어들기 때문에 CO제거기가 필요하며 여기서 일부 연료를 연소시킴으로써 손실이 된다.

그 외에 PEFC의 특징이 발전효율을 낮추는 결과가 된다. PEFC는 전해질막이 수십 μm로 얇고, 전류밀도를 높여도 전압저하가 작기 때문에 일반적으로 600mA/cm^2 등의 높은 전류밀도로 운전하고 있다. 따라서 $I-V$특성에 따라 전압이 낮아져 발전효율이 낮아진다.

전류밀도를 높게 하는 이유는 스택의 비용 절감과 소형화가 목적이므로 소형화의 필요성이 낮은 정치식(定置式)은 스택의 비용이 더 낮아진 단계에서는 전류밀도를 낮추고 발전효율을 높이는 것도 생각할 수 있다.

2 PAFC 발전시스템

📖 2.1 시스템의 개요

PAFC는 상용으로 사용된 역사가 가장 길고 스택의 수명, 플랜트의 신뢰성에서는 완전히 상용 레벨에 달해 있다.

[그림 4.2]는 PAFC 발전시스템의 개념을 나타낸 흐름도이다.

연료가스는 탈황장치를 통한 뒤 수증기와 혼합되어 개질기에서 개질된다. 이때 개질반응($CH_4 + H_2O = CO + 3H_2$)은 흡열반응이므로 외부에서 열을 주어야 한다. 이 경우는 버너에 의해 애노드 배기 중의 가연성분을 공기로 연소함으로써 개질에 필요한 열을 주고 있다.

PAFC는 운전온도가 약 200℃로 낮기 때문에 전극반응을 촉진하기 위해 백금촉매를 사용하고 있다. CO는 촉매의 피독이 되므로 CO를 일정 농도 이하로 저감할 필요가 있어 시프트 반응기를 통과시킨다. 시프트 반응은 300~500℃ 정도에서 하는 고온 시프트 반응기와 200℃ 전후에서 하는 저온 시프트 반응기를 둘 다 가진 경우도 있다. 이 단계에서 CO를 0.1~0.5% 정도까지 낮춘다. PEFC(고체고분자형 연료전지)보다 운전온도가 높기 때문에 CO에 대한 허용값이 높아 CO제거기는 필요하지 않다. 이것을 연료전지의 애노드에 공급한다. 발전반응은 PEFC와 마찬가지로 애노드에서는 $H_2 = 2H^+ + 2e$의 반응으로 수소가 수소이온(프로톤)으로 변하여 전해질 내를 캐소드로 이동한다. 캐소드에서는 $2H^+ + 2e + \frac{1}{2}O_2 = H_2O$의 반응으로 발전하는데 애노드에 공급한 모든 수소가 이 반응을 일으키는 것은 아니다. 애노드 배기 중에 남아 있는 가연성분, 즉 CH_4, H_2, CO는 개질기의 연료로서 연소된다.

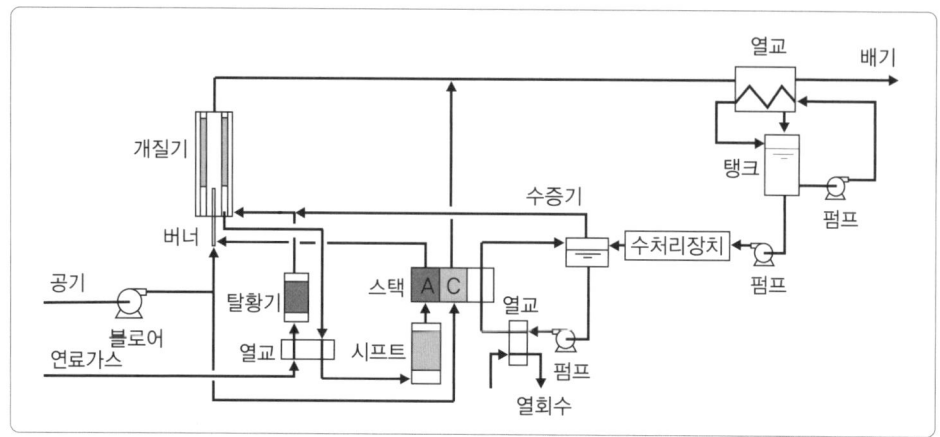

[그림 4.2] PAFC 흐름도

공기는 블로어에서 압력을 높여 개질기의 연소용 공기와 캐소드의 발전반응용으로 공급된다. 각각의 배기는 물로 냉각되어 열과 물의 회수가 이루어지고 있다.

연료전지 스택에서의 발전반응은 전기와 동시에 열이 나오기 때문에 냉각이 필요한데, PAFC에서는 스택 내에 들어간 냉각판에 물을 흘려 보낸다. 이 열을 이용하여 개질용 수증기를 발생하고 있다. 남은 열은 일반적으로 온수로서 회수하고 있다.

2.2 발전효율

이 시스템의 발전효율은 약 40%(LHV)로 PEFC보다 상당히 높다.

PAFC는 운전온도가 200℃로 발전반응에서 발생하는 열이 개질용 열원으로는 너무 낮지만 수증기를 발생시키기 위해서는 충분한 온도이다. 따라서 개질용 수증기를 발생시키기 위해 연료를 연소시킬 필요는 없다. 또 CO의 허용값 관계에서 CO제거기에서의 연소에 의한 손실도 발생하지 않는다.

그러나 다음에 설명하는 MCFC에 비하면 발전효율이 낮다. 그 원인을 생각해보자.

운전온도가 200℃이므로 발전반응에서 발생하는 열은 개질용 열원으로 사용할 수 없어 이 시스템에서 연료이용률의 최대값은 개질기에서 얼마만큼의 연료를 필요로 하는가에 따라 결정된다. 즉 공급된 연료 중 개질에 필요한 열량은 발전반응에는 사용하지 못한다.

이에 비해 MCFC는 운전온도가 650℃ 정도로 높기 때문에 발전반응에서 발생한 열을 개질에 이용할 수 있다. 따라서 연료이용률의 제한은 없어지지만 실제로는

MCFC에서도 연료이용률은 무제한이 아니다.

또 하나는 연료전지의 운전온도가 약 200℃로 낮기 때문에 발전반응에서 발생한 열을 발전효율을 높이는 데 이용하기 어렵지만, MCFC의 경우는 운전온도가 높기 때문에 가스터빈 등의 조합에 따라 배열을 이용하여 동력회수 할 수 있으므로 발전효율이 더 높아진다.

이상이 일반적으로 열역학적 관점에서 발전효율을 높일 수 없는 이유인데, 그 외에 〈제2장 발전효율〉에서 설명한대로 발전단효율은 아래 식처럼 스택의 운전전압에 비례하므로 스택의 전압을 높일 수 없는 어떠한 이유가 있다면 당연히 발전효율이 낮아진다.

$$\eta_g = \frac{\Delta G_{H_2} \times 4}{\Delta H_{CH_4}} \times \eta_{ref} \times U_f \times \frac{V}{V_0} \times \eta_{inv}$$

[그림 2.1]과 같이 전류밀도를 낮추면 전압이 높아져 기본적으로는 어느 형식의 연료전지도 발전단효율을 높일 수 있지만, 예를 들어 스택의 비용이 매우 높은 경우는 발전원가를 낮추기 위해 효율보다 비용이 중요하므로 전류밀도를 높임으로써 스택을 소형화하여 비용을 낮출 필요가 있다. 이것은 $I-V$특성에 따라 전압이 낮아져 발전효율이 낮아진다는 것을 의미한다.

전압을 높이면 스택에 손상을 주어 수명을 단축시키고, 스택에 기술적인 요인이 있는 경우도 효율 향상에 큰 제한요인이 된다.

3 외부개질형 MCFC 발전시스템

📖 3.1 시스템의 개요

[그림 4.3]에 외부개질형 MCFC 발전시스템의 흐름도를 나타냈다.

연료는 수증기와 혼합한 뒤 개질기에서 개질된다. 외부개질의 경우, 개질온도는 700~800℃ 정도가 일반적이며, MCFC의 운전온도는 약 650℃보다 높기 때문에 원료가스와 열교환하여 온도를 낮춘 뒤 애노드에 공급된다. 애노드에서 $H_2 + CO_3^{2-} = H_2O + CO_2 + 2e$의 반응이, 캐소드에서 $CO_2 + \frac{1}{2}O_2 + 2e = CO_3^{2-}$의 반응이 각각 일어남으로써 발전한다. 이 발전반응에 따라 공급된 연료가 가진 화학에너지의 절반이 전기로, 나머지 절반이 열로 변하므로 스택의 냉각이 필요하다(전술). MCFC는 PAFC와 달리 운전온도가 높기 때문에 스택의 냉각에 물을 사용할 수 없어 스택은 가스냉각, 즉 캐소드, 애노드는 흐르는 가스에 의해 냉각된다.

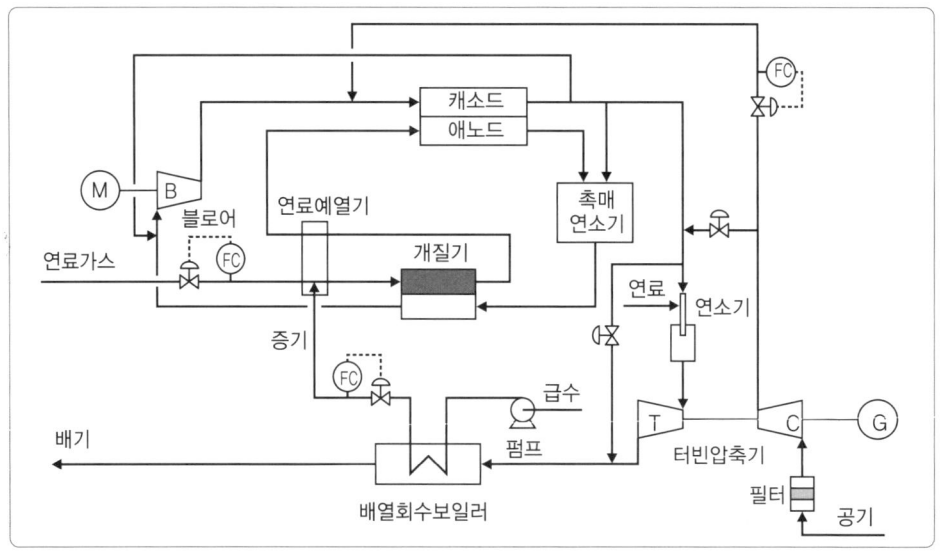

[그림 4.3] 외부개질형 MCFC 흐름도

애노드 배기는 촉매연소기에 도입되어 캐소드 배기 중의 산소에 의해 연소되어 개질기의 열원이 된다. PAFC는 버너를 사용하고 있는데 여기서 촉매연소기를 사용하고 있는 것은 스택에서의 발전반응이 다르기 때문이다. PAFC의 경우, 애노드에서 수소가 프로톤으로 변화하는 과정에서 수소가 소비되어 수소농도가 낮아지는데, 애노드에서 가스가 발생하는 일은 없다. 전체적으로는 수소와 산소가 반응하여 물을 생성하는데 이 반응은 캐소드에서 일어나고 있다. 그러나 MCFC의 경우는 발전반응의 결과 애노드에서 CO_2, H_2O가 생성되기 때문에 연료가스 농도가 극단적으로 낮아져 버너에서는 연소할 수 없기 때문이다. 개질기에서 나온 연소가스는 블로어에 의해 캐소드로 리사이클된다.

공기는 터빈압축기(가스터빈과 동일)의 압축기 부분에서 압축되어 캐소드에 공급된다. 터빈압축기는 발전기와 직결되어 일정한 회전수로 운전되고 있는 경우, 공기 유량의 변동 가능 범위는 지극히 좁기 때문에 발전부하가 낮아져, 잉여 공기가 나온 경우는 직접 연소기로 돌아간다. 터빈에는 캐소드 배기가 도입되어 그 출력으로 압축기를 구동하고, 남은 축출력은 발전기에 의해 교류로서 출력된다.

터빈의 배기는 아직 고온이므로 배열회수보일러에 도입되어 증기로서 회수한다. 이 증기는 주로 개질용으로 사용되는데 남은 증기는 별도로 열로 이용할 수 있다.

▨ 3.2 발전효율

이 시스템의 발전효율은 45% 이상으로 PAFC에 비해 상당히 높다. 조건에 따라서는 60% 이상도 가능하지만 평가요인은 효율만이 아니므로 여기서는 일단 45% 이상으로 한다.

이 시스템에서는 애노드 배기가 촉매연소기에 도입되어 연소하여 개질기의 열원으로 이용되므로 PAFC와 같아 보일지 모르지만 실제로는 전혀 다르다.

개질기의 열원은 연소만이 아니다. 원료가스를 예열하여 700~800℃의 온도영역에서 개질에 필요한 열을 줄 수 있으면 된다. 애노드와 캐소드의 배기는 발전반응에서 발생한 열을 가스의 현열 형태로 가지고 있기 때문에 이것을 개질에 필요한 열의 일부로 사용할 수 있다. 그러나 스택의 운전온도는 약 650℃이고, 개질기의 운전온도는 700~800℃이므로 모든 열을 스택 배기의 현열로 조달할 수 없으므로 일부를 연소에 의존하고 있다.

이 방식에 따라 열균형상으로는 연료이용률을 90% 이상으로 높일 수 있으므로 실질적으로 연료이용률의 제한은 거의 없어진다. 고온형 연료전지 특히 내부개질형에서는 연료이용률을 이론상 거의 100%까지 높일 수 있지만, 실제로는 기술적, 경제적 이유에서 90% 이상으로 높이는 시스템은 존재하지 않는다.

연료이용률의 제한요인이란 무엇인가? 여러 개의 셀을 적층한 스택에서 각 셀에 연료를 균일하게 흘려 보내는 것은 어렵고, 출구에서 연료를 0으로 할 수도 없다. 따라서 연료이용률을 일정 이상으로 높이기 위해서는 연료의 리사이클이 필요하다. 고온 또는 저온의 리사이클 블로어를 사용하여 애노드 배기를 그대로 애노드의 입구에 리사이클하는 방법, 수소와 CO_2를 분리하여 수소는 애노드 입구에, CO_2는 캐소드 입구에 각각 리사이클하는 방법 등 여러 가지 방법이 있다. 각각 발전효율은 높지만 설비비도 높아진다.

발전효율이 높아지는 또 다른 이유는 약 650℃의 캐소드 배기를 이용하여 동력을 회수하는 것이다. 이것은 MCFC의 운전온도가 높기 때문에 가능하다. 이에 따라 MCFC 출력의 약 10%를 배열에서 전기로 회수할 수 있다.

PAFC에 비하면 효율을 상당히 높일 수 있었지만 아직 몇 가지 문제가 남아 있다.

▮▮3.3 외부개질의 과제

외부개질의 문제점 중 하나는 외부개질기의 개질률이 온도와 압력, S/C(수증기/탄소비)에 의해 결정된다는 것이다. 개질기의 운전온도가 높을수록 개질률이 높아지는데, 운전온도를 높이기 위해서는 연료가 쓸데없이 많이 필요하기 때문에 연료이용률이 낮아진다.

운전압력이 낮을수록 개질률은 높아지지만 배열에서 동력회수를 하기 위해서는 운전압력이 높은 것이 편리하다. S/C가 높을수록 개질률은 높아지지만 수증기 소비량이 많아진다. 수증기는 그 자체가 가치를 가지고 있어 개질에 사용하지 않으면 열회수로서 가치를 갖게 된다. 따라서 이러한 문제를 해결할 수 있는 개질률 높은 개질방법을 찾아내야 한다.

또 하나는 냉각을 가스에 의존하고 있기 때문에 가스를 보내기 위한 동력이 커진다는 문제이다. [그림 4.3]의 경우, 공기의 공급에는 터빈압축기를 사용하고 있으므로 공기공급을 위한 동력을 보기 어려운데, 캐소드 계통의 압력손실이 작아지면 그만큼 터빈 입구의 압력이 높아져 동력회수량이 증가하게 된다. 또 개질기의 연소배기가스를 캐소드에 리사이클하고 있는 블로어도 압력손실이 적을수록 소비동력이 작아진다. 따라서 가스량이 많은 캐소드 계통의 압력손실을 조금이라도 줄이는 것이 효율 향상에 효과적이다.

연료가스 계통은 유량이 적은 관계상 압력손실을 너무 고려할 필요는 없다.

4 내부개질형 MCFC 발전시스템

📶 4.1 시스템의 개요

[그림 4.4]에 내부개질형 MCFC 발전시스템의 개념을 나타냈다.

연료가스(이하, 천연가스)는 탈황 후 연료가습기에서 계획한 S/C에 맞는 수분이 첨가된다. 이 물은 수처리장치에서 이온성분을 제거한 순수(純水)로 연료가습기 내

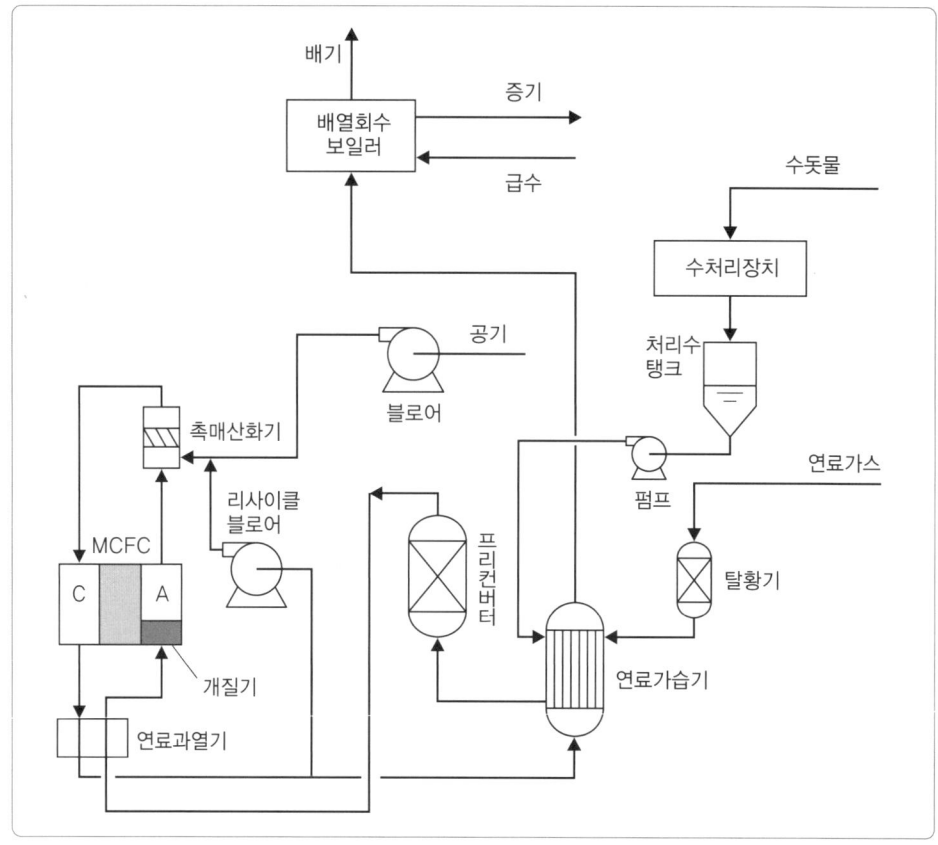

[그림 4.4] 내부개질형 MCFC 발전시스템의 흐름도

에 물로 분무되어 캐소드 배기에 의해 가열되어 수증기가 된다. 그런 다음, 프리컨버터에서 천연가스 내의 중질성분의 전처리를 하여 연료과열기에서 스택으로 공급되는데 적절한 온도까지 예열하여 스택에 공급된다. 프리컨버터는 내부에 개질촉매가 충전되어 있는 일종의 개질기인데, 운전온도가 낮고 외부에서의 가열이 없고 가스 자체가 가지고 있는 현열을 이용하여 중질성분을 중심으로 다소 개질되지만 대부분의 메탄은 그대로 스택에 공급된다.

스택 내에는 [그림 4.5(a)]와 같이 셀 몇 단마다 평판상의 개질기가 배치되어 있어 메탄과 수증기의 혼합가스가 여기에 공급된다. 개질기의 내부에는 물론 개질촉매가 있지만 열원은 스택의 발전반응에 동반되는 열이므로 최고 650℃ 정도로 개질온도로서는 낮고, 개질률도 높지 않다. 여기서 개질된 가스는 애노드에 공급된다. 애노드의 가스통로에도 개질촉매가 배치되어 있으므로 여기서는 발전반응과 개질반응이 동시 병행으로 일어나기 때문에 운전온도가 낮음에도 불구하고 개질률은 100%에 가깝다. 그 이유는 다음 항에서 설명한다.

애노드에서는 일정한 연료이용률까지 수소가 소비되고 남은 연료는 촉매연소기에서 공기에 의해 연소된다. 이 공기는 원래 캐소드에 공급되는 공기로, 여기서 예열되어 필요한 CO_2가 첨가된다.

MCFC는 앞에서 설명했듯이 발전반응을 위해 수소와 산소 이외에 CO_2를 필요로 한다. 캐소드에서 $CO_2 + \frac{1}{2}O_2 + 2e = CO_3^{2-}$의 반응으로 생성된 탄산이온은 전해질 내를 애노드로 이동한다. 애노드에서 $H_2 + CO_3^{2-} = H_2O + CO_2 + 2e$의 반응으로 CO_2를 방출한다. 즉 발전반응에서 캐소드에 공급된 CO_2는 이온으로 형태를 바꿔 애노드로 이동한다. 그러므로 이 CO_2를 다시 캐소드로 돌려보내야 한다. 이것을 위해 애노드 배기 중의 가연성분을 공기로 연소하여 CO_2를 캐소드로 돌려보내는 것이다. 이것을 CO_2 리사이클이라 한다. 이 촉매연소기에서는 동시에 공기의 예열도 하고 있다. 상온의 공기를 그대로 650℃의 스택에 공급하면 열반응이 너무 커져 스택에 손상을 주기 때문이다. 캐소드에서는 위의 식에 따라 일부 이산화탄소와 산소가 소비되어 배출된다. 캐소드 배기는 연료과열기와 연료가습기에서 연료가스에 열을 준 뒤 배열회수보일러에서 증기회수된다.

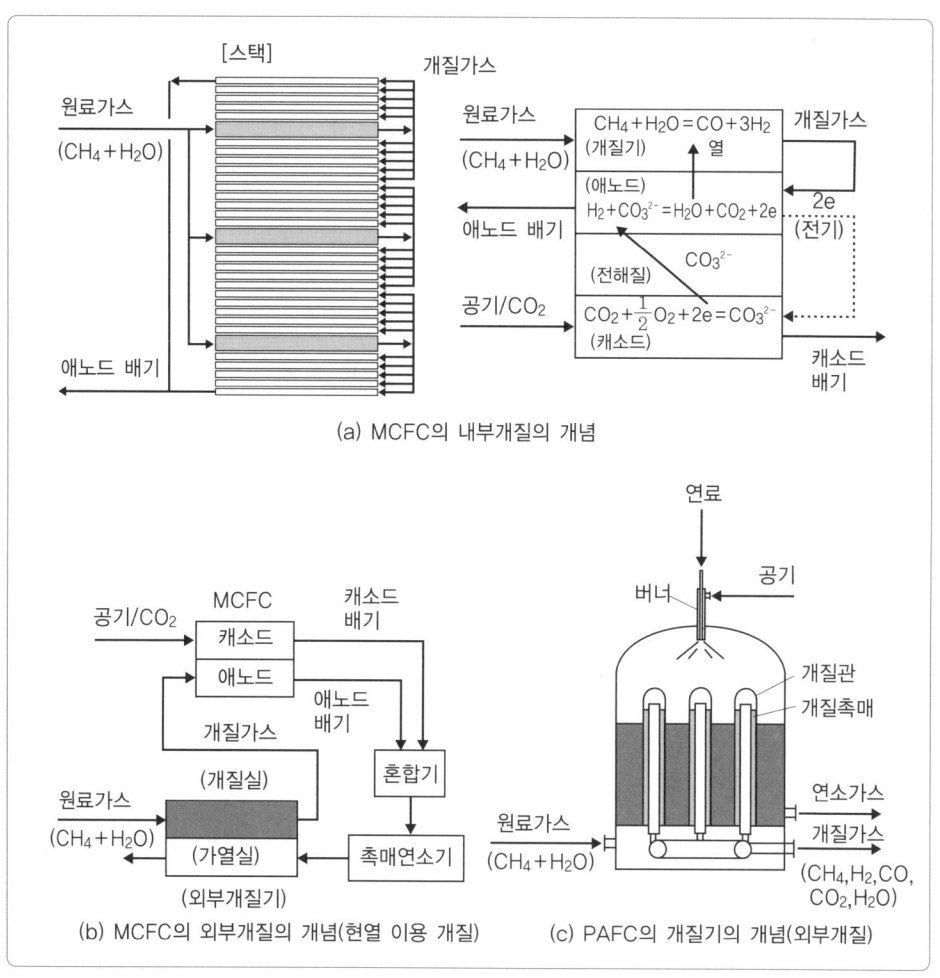

(a) MCFC의 내부개질의 개념

(b) MCFC의 외부개질의 개념(현열 이용 개질)

(c) PAFC의 개질기의 개념(외부개질)

[그림 4.5] MCFC(내부개질, 외부개질)와 PAFC의 개질 원리의 차이

🔋4.2 발전효율

내부개질형 MCFC의 발전효율은 45~55% 정도로 가스터빈과의 하이브리드가 되면 65% 정도까지 가능하지 않을까 생각된다. 이것을 외부개질형 MCFC와 비교하면, 상압운전의 경우 발전효율은 내부개질형 쪽이 몇 % 높지만, 운전압력을 높이면 차이가 점차 줄어든다.

그렇다면, 어째서 내부개질형의 발전효율이 높은 것일까?

〈제2장 발전효율〉에서 보았듯이 개질률과 연료이용률은 발전효율에 직접 연관되므로 발전효율을 높이기 위해서는 개질률과 연료이용률을 높여야 한다.

① 개질률과 연료이용률

[그림 4.5]에는 PAFC, 외부개질형 MCFC, 내부개질형 MCFC의 개질방식의 차이가 나와 있다.

내부개질형 MCFC는 스택 내에 도입된 평판상의 개질기와 애노드 가스통로 내에서 개질되는데, 열원은 모두 스택에서의 발전반응 시 나오는 열을 이용한다. 개질을 위해 연료를 연소할 필요가 없으므로 그러한 의미에서 연료이용률의 제한이 없어 이론적으로 연료이용률을 100%로 할 수 있다.

PAFC와 외부개질형 MCFC의 경우는 개질을 위해 연료를 연소하고 있으므로 이론적으로 연료이용률을 100%로 할 수 없다.

PAFC와 외부개질형 MCFC처럼 독립된 개질기의 경우는 개질률이 개질반응의 화학평형에 지배된다. $CH_4 + H_2O = CO + 3H_2$의 반응에서는 화학평형이 다음 식과 같다.

$$K_r = \frac{P_{CO} \times (P_{H_2})^3}{P_{CH_4} \times P_{H_2O}}$$

여기서, K_r : 열역학적으로 정해진 평형상수

P_{CO}, P_{H_2}, P_{CH_4}, P_{H_2O} : 각 조성의 분압＝전압×각 조성의 몰수/총 몰수

평형상수는 열역학적으로 운전온도에서 정해지므로 S/C가 일정한 조건에서는 개질률이 운전온도와 운전압력에 따라 정해진다.

[그림 4.6]에 운전온도, 운전압력과 이론개질률의 관계를 나타냈다. 이 계산조건은 공급연료를 메탄, S/C＝3, 온도 접근＝0으로 하였다.

운전압력은 시스템에 따라 정해진다. 외부개질형 MCFC는 동력회수를 하는 관계상 일반적으로 가압 하에서 운전되므로 개질률 면에서는 불리하다. 그러나 PAFC처럼 대기압 운전의 경우라도 운전온도를 상당히 높이지 않는 한 개질률을 100%로 가까이 하는 것은 어렵다. 운전온도를 높이기 위해서는 그만큼 쓸데없는 연료가 필요한데 개질률은 높아져도 연료이용률이 낮으면 아무 소용이 없다.

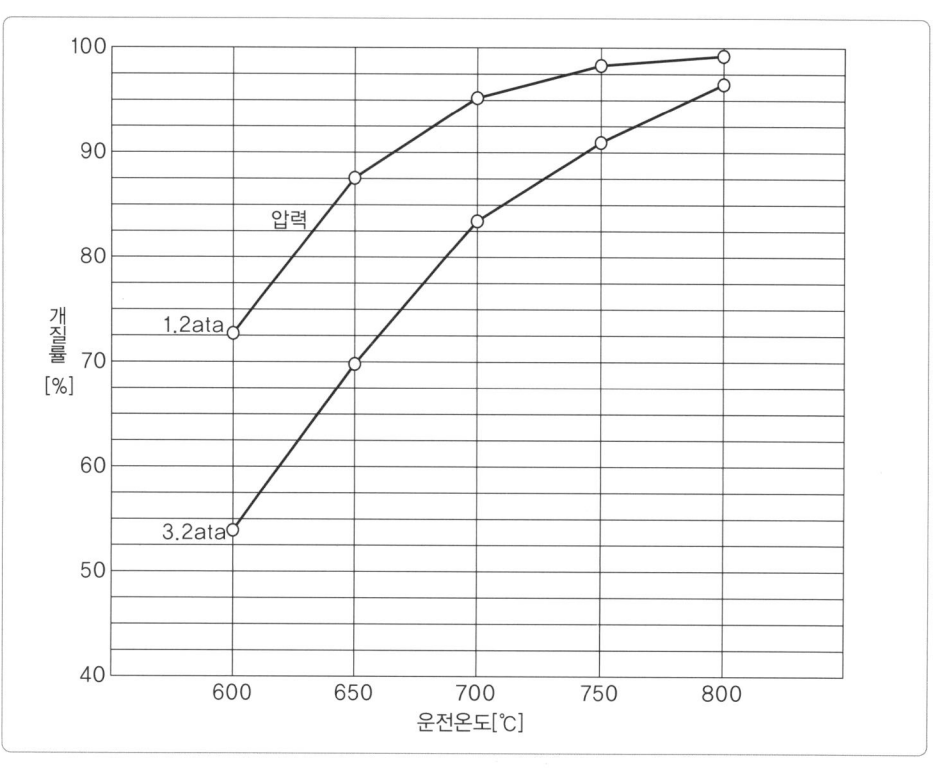

[그림 4.6] 운전온도, 압력과 개질률

　내부개질형 MCFC의 경우도 개질기 내에서는 위와 같이 제한을 받는다. 게다가 열원이 650℃ 밖에 되지 않는 스택이므로 당연히 개질률이 나빠진다.

　[그림 4.6]을 보면 PAFC나 외부개질형 MCFC보다 훨씬 개질률이 나쁘다는 것을 알 수 있다. 이것을 커버하는 것이 애노드 가스통로에 놓인 개질촉매이다.

　애노드에서는 개질반응($CH_4 + H_2O = CO + 3H_2$)과 발전반응($H_2 + CO_3^{2-} = H_2O + CO_2 + 2e$)이 동시에 일어나고 있으므로 위의 화학평형에 따른 제한이 없어져 운전온도가 낮음에도 불구하고 개질률은 거의 100%가 된다.

　개질률은 어느 한 순간을 보면 $K_r = [P_{CO} \times (P_{H_2})^3] / [P_{CH_4} \times P_{H_2O}]$에 의해 제한을 받지만 반응생성물인 수소는 발전반응에서 소비되므로 수소를 아무리 만들어도 수소가 늘어나지 않는 결과가 된다. 또 개질반응에서 수증기가 소비되는데 발전반응에 의해 수증기가 생성되고 있으므로 수증기는 아무리 사용해도 줄어들지 않는 결과가 된다. [그림 4.7]은 이 관계의 개념을 나타낸 것이다. 개질기 내에서의 개질률이 나빠도 애노드 통로 내에서 개질이 진행되기 때문에 결과적으로 개질률이 높아진다.

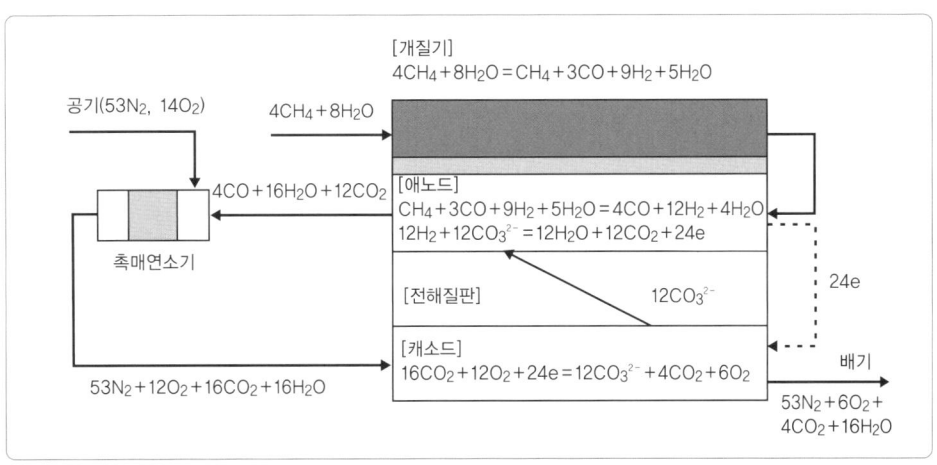

[그림 4.7] 내부개질형 MCFC의 반응

내부개질형 MCFC의 효율이 높아지는 가장 큰 이유는 개질률이 높다는 것에 있다.

스택 내에 도입된 평판상의 개질기 내에서의 개질반응을 간접 내부개질, 애노드 통로에서의 개질반응을 직접 내부개질이라 부른다. 원래 직접 내부개질만으로도 목적은 달성되므로 그렇게 하는 것이 비용 면에서도 장점이 있지만 2개를 조합하여 사용하는 것은 다음과 같은 이유에서이다.

직접 내부개질에만 의존하면 다음과 같은 문제점이 발생한다.

ⓐ 애노드 통로에 설치된 개질촉매는 전해질에 의해 취약해지기 쉽고 개질촉매의 수명이 스택의 수명을 좌우하기 쉬우므로 대부분의 개질을 전해질의 영향을 받지 않는 간접 내부개질로 하고, 직접 내부개질의 부담 비율을 줄임으로써 직접 내부개질의 촉매가 취약해져도 전체적으로 큰 영향을 받지 않도록 하는 것이다.

ⓑ 내부개질에서는 개질반응이 흡열반응이라는 것을 이용하여 스택의 냉각에 이용하고 있는데, 촉매의 열화(劣化)가 균일하지 않으면 개질반응이 일어나는 곳과 일어나지 않는 곳이 생겨 스택의 온도분포가 불균일해질 가능성이 있다. 이것은 열응력에 의해 스택을 손상시킬 가능성으로 이어진다.

ⓒ 애노드 내부에서는 위와 같이 개질반응과 발전반응이 서로 보완하고 있는데, 간접 내부개질기가 없으면 애노드 입구에서는 수소가 존재하지 않아 발전반응이 일어나지 않기 때문에 스택의 온도분포나 탄소 석출에 영향을 줄 가능성이 있다.

② 수증기 소비량

위의 내용에서 이미 눈치 챈 분들도 많겠지만 직접 내부개질의 경우는 개질에 필요한 수증기가 발전반응에 의해 내부적으로 보급되기 때문에 외부에서 공급하는 수증기의 양은 상대적으로 적어도 된다.

실제로 외부개질에서는 S/C를 3 정도로 하는 것이 보통인데, 내부개질의 경우는 S/C를 2 정도로 하고 있다. 다음의 SOFC(고체산화물형 연료전지)에서 설명하겠지만 내부개질의 경우는 외부에서 수증기가 전혀 공급되지 않아 발전반응에 의해 생성되는 수증기만을 이용하는 방식도 가능하다. 통상적으로 수증기는 배열을 회수하여 발생시키고 있는데 수증기의 발생이 적어도 된다면 그 만큼의 열을 가스터빈에 의한 동력회수 등으로 돌릴 수 있어 발전효율 향상에 기여하는 요인이 된다.

③ 스택의 냉각

발전반응($H_2 + CO_3{}^{2-} = H_2O + CO_2 + 2e$)에 의해 수소가 가진 화학에너지가 직접 전기로 변환되는데, 화학에너지가 모두 전기로 변하는 것이 아니라 자유에너지만큼이 최대이며 〈제2장 셀의 기초이론〉에서 설명했듯이 실제로는 여러 가지 손실이 발생하기 때문에 전기로 변하는 것은 절반 정도이고, 나머지 절반은 열이 된다.

따라서 스택은 항상 냉각하여 발열량을 제거하지 않으면 스택의 온도가 높아지게 된다.

외부개질형 MCFC에서는 스택의 냉각을 가스의 현열로 하고 있다. 즉 캐소드와 애노드를 흐르는 가스의 입구, 출구의 온도차에 비열과 유량을 곱한 것이 스택의 냉각열량이 된다.

$$Q_c = [G_c C_{pc}(T_{oc} - T_{ic})] + [G_a C_{pa}(T_{oa} - T_{ia})]$$

여기서, G_c : 캐소드 가스유량[kg/h]

C_{pc} : 캐소드 가스의 평균비열[kcal/kg·℃]

T_{oc} : 캐소드 출구가스온도[℃]

T_{ic} : 캐소드 입구가스온도[℃]

G_a : 애노드 가스유량[kg/h]

C_{pa} : 애노드 가스의 평균비열[kcal/kg·℃]

T_{oa} : 애노드 출구가스온도[℃]

T_{ia} : 애노드 입구가스온도[℃]

이 냉각을 위한 블로어 동력이 보조기계 동력 중에서 가장 크다. 이것을 낮추기 위해서는 유량과 블로어 헤드를 낮출 필요가 있다. 그러나 온도차를 크게 하면 스택의 열응력이 커져 스택이 손상받기 쉽고, 스택의 출구온도를 높이는 것은 스택의 수명을 단축시키는 결과가 된다. 또 압력손실을 줄이기 위해서는 가스통로를 크게 해야 하는데 이것은 비용 증가로 이어진다. 따라서 블로어의 동력을 낮추는 것은 쉬운 일이 아니다.

이에 비해, 내부개질형 MCFC에서는 스택 냉각의 절반 정도를 개질반응의 흡열반응으로 이용하고 있으므로 가스에 의한 냉각은 절반 정도여도 된다. 그러므로 블로어의 동력은 저감된다.

5 SOFC 발전시스템

📖 5.1 시스템의 개요

SOFC는 현재 상용화된 것은 없으나 장래에 가장 기대되는 연료전지이다.
[그림 4.8]은 SOFC의 개념을 나타낸 흐름도이다.

연료는 탈황된 후 애노드 배기와 혼합되어 예비개질기에 도입된다. 애노드 배기에는 발전반응에 의해 생성된 수증기가 혼합되어 있으므로 애노드 배기를 리사이클하면 외부에서 수증기를 첨가할 필요가 없다. 예비개질기에서는 천연가스 내의 중질성분을 중심으로 일부 메탄이 개질되어 스택에 공급된다. 스택에서는 캐소드에서 $\frac{1}{2}O_2$ $+2e=O^{2-}$의 반응에 의해 산소이온이 생성되어 전해질 내를 애노드로 이동한다. 거기서 $H_2+\frac{1}{2}O^{2-}=H_2O+2e$의 반응을 일으켜 발전(發電)된다. 이때 전기와 함께 열이 나오므로 그 열을 이용하여 개질반응($CH_4+H_2O=CO+3H_2$)을 일으켜 수소를 생성한다.

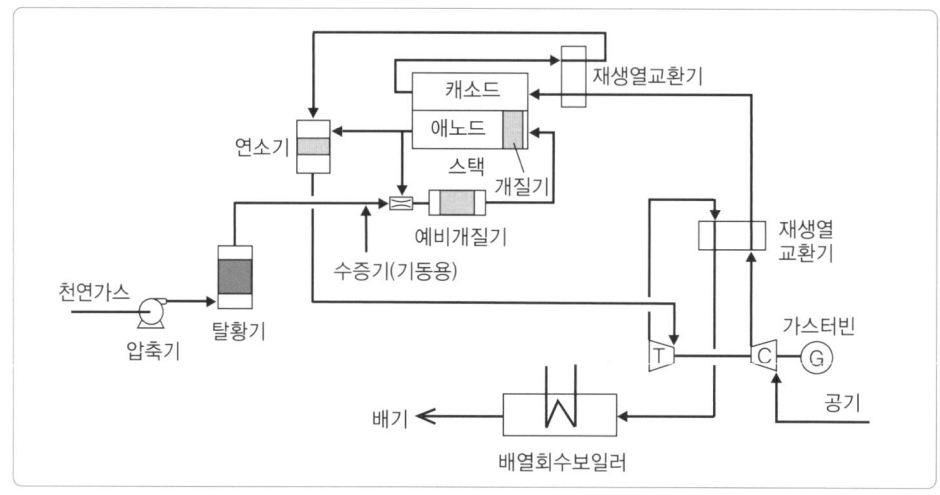

[그림 4.8] SOFC 흐름도

SOFC는 본질적으로 운전온도가 700~1,000℃로 MCFC보다 높기 때문에 장래에는 예비개질기(외부개질기)가 없어지거나 비중이 작아지겠지만 아직까지는 완전히 내부개질에만 의존하고 있는 것은 시험장치 정도이다.

가스터빈의 압축기 부분에서 압축된 공기는 우선 가스터빈의 배기로 예열된 다음, 캐소드 배기로 예열되어 캐소드에 공급된다. 재생열교환기를 나온 캐소드 배기는 애노드 배기와 함께 연소기에 도입되어 애노드 배기 중의 가연성분이 연소된다. 이 연소가스는 가스터빈의 터빈 측에 도입되어 동력회수된다. 가스터빈의 배기는 재생열교환기에 의한 공기예열 후 필요에 따라 배열회수보일러에 도입되어 수증기 또는 온수로서 열회수된다.

📲 5.2 발전효율

SOFC의 발전효율은 [표 1.1]에서는 MCFC와 같은 45~60%로 하였다. SOFC는 MCFC보다 효율을 높일 수 있는 요인을 가지고 있지만 현재 상황에서는 상용기가 없어 어떠한 형태로 상용화되는가에 따라 발전효율도 달라질 것이다. 장래에 SOFC는 1,000℃의 고온에서 운전되어 가스터빈과의 조합에 따른 대형, 고효율 발전설비를 지향하고 있었으나 최근에는 운전온도를 스테인리스강을 사용할 수 있는 700℃ 전후로 낮추는 연구를 진행중이다. 용도도 가정용이나 이동용 전원을 포함한 소형기의 비중이 높아지고 있다.

다음으로 SOFC가 내부개질형 MCFC보다 효율을 높일 수 있는 요인에 대해 생각해보자. SOFC의 운전온도는 700~1,000℃로 MCFC보다 높기 때문에 스택에서의 발전반응에 따른 열이 개질의 열원이 되고, 스택의 온도는 개질에 필요한 온도에 대해 충분히 높기 때문에 가압된 상태라도 개질률은 충분히 높아진다.

또한 발전반응은 애노드에서 수소를 소비하고 수증기를 생성하는 반응이므로 이것을 이용하면 MCFC와 마찬가지로 개질반응의 화학평형이 무너져 거의 100%의 개질률이 얻어진다.

즉, 현재 직접 내부개질방식이 사용되고 있는지는 명확하지 않지만 간접 내부개질방식도, 직접 내부개질방식도 기술적으로는 가능하다. MCFC의 내부개질과 비교했을 때 동등하다는 것인데, 가압하고 있는 만큼 스택의 전압이 높아져 MCFC보다 발전효율이 높아질 가능성이 있다.

배열에 대해서는 스택에서 나오는 배기가 그대로 시스템에서 나오는 배기가 되는 것은 아니지만 [그림 4.8]의 경우로 말하면 고온의 가스를 우선 가스터빈에 넣어 가스터빈의 배기로 공기를 예열한다. 이것이 가능한 것은 운전온도가 높기 때문인데, 배열을 효과적으로 전기로 변화시키려면 기본적으로 운전온도가 높은 것이 유리하다.

[그림 4.8]은 외부에서 수증기를 첨가하지 않는 시스템으로 되어 있으므로 배열을 가능한 한 많은 동력으로 변환하고 싶을 경우 수증기의 생성이 필요하지 않으면 그만큼 유리한 조건이 된다. 이것은 MCFC의 내부개질의 경우에도 이론적으로는 동일하다.

SOFC는 전해질이 고체이므로 MCFC에 비해 전해질을 얇게 할 수 있다. 이것은 전류밀도를 높여 스택을 소형화할 수 있으므로 발전효율 외에도 좋은 점이 있기 때문에 현재 많은 분야에서 연구 중이다.

이상, SOFC는 MCFC의 내부개질방식보다 발전효율을 더 높일 수 있는 가능성을 가지고 있다. 그러나 실제 상용기는 발전효율로만 평가되는 것이 아니라 비용, 신뢰성 등 종합적으로 평가된다.

현재 상황에서 SOFC는 MCFC와 동등하거나 다소 발전효율이 높아질 가능성이 있다는 것이 일반적인 견해이다.

최근 SOFC는 반대로 700~800℃ 정도까지 운전온도를 낮추는 연구가 진행중이라는 점, 자유에너지는 고온이 될수록 작아진다는 점에서 운전온도를 700℃ 전후에서 더 높였다 하더라도 그 효과는 크지 않아, MCFC와 SOFC의 효율 차이가 크지 않을 것으로 보인다.

6 연료전지 발전시스템의 효율 향상 요인

지금까지 PEFC, PAFC, MCFC, SOFC의 시스템과 발전효율에 영향을 주는 기본적인 요인을 살펴보았다. 발전효율에 영향을 주는 요인을 [표 4.1]에 정리하였다.

① 요점은 다음과 같다.

    ㉠ 연료전지의 종류, 즉 사용하는 전해질의 종류에 따라 스택의 운전온도가 다르며, 일반적으로는 운전온도가 높을수록 스택에서 발생한 열을 시스템 내에서 효율적으로 이용할 수 있기 때문에 발전효율을 높일 수 있다.

[표 4.1] 발전효율에 영향을 주는 요인

발전효율 향상 요인	2차적 요인	보충설명
셀 운전전압	전류밀도 운전압력 운전온도 애노드 가스 조성, 연료이용률, 유량배분 캐소드 가스 조성, 산소이용률, 유량배분, CO_2 이용률	셀의 $I-V$특성(예 [그림 4.9]) 셀의 $P-V$특성(예 [그림 4.12]) 셀의 $T-V$특성(예 [그림 4.10]) 네른스트 손실(예 [그림 4.11]) 네른스트 손실
개질률	운전온도 운전압력 S/C 내부개질	화학평형(예 [그림 4.6]) 화학평형(예 [그림 4.6]) 화학평형 화학평형(예 [그림 4.7])
연료이용률	연료소비 (셀 전압) (열균형, 유량배분, 셀 전압(상,하)에서 연료 이용률에는 한계가 있다)	발전효율의 식([그림 2.2]) 셀 전압(예 [그림 4.11])
운전압력	동력회수 보조기계 동력 (셀 전압, 네른스트 손실)	가스터빈 출력 리사이클 블로어의 압력비 가스의 분압
압력손실	동력회수(배열 이용) 보조기계 동력	가스터빈 출력 블로어
열손실	연료이용률 동력회수	열균형 가스터빈 출력

PEFC에서는 스택에서 발생한 열을 개질의 열원에도, 수증기 발생을 위한 열원에도 사용할 수 없는 데다 CO 허용값이 적기 때문에 CO제거기에 의한 연소손실이 발생한다. PAFC의 경우는 개질용 열원에는 사용할 수 없지만 증기발생용으로는 사용할 수 있고, CO 허용값이 높기 때문에 CO제거기에서의 연소손실도 발생하지 않는다. MCFC나 SOFC의 경우는 스택에서 발생하는 열을 개질용에 이용할 수 있으므로 연료이용률의 제한이 없어지고 그 배열을 가스터빈 등에 의해 동력회수하는 것도 가능하다.

ⓛ 전해질막이 얇은 PEFC의 경우, 현재는 아직 스택의 비용이 높다는 점, 소형화의 요구도 있다는 점에서 전류밀도를 가능한 한 높게 하여 스택을 소형으로 하는 경향이 있고 이것이 스택의 운전전압을 낮춰 발전효율을 떨어뜨린다. 반대로 전해질판이 두꺼운 MCFC의 경우, 전류밀도를 높게 취할 수 없기 때문에 전류밀도가 낮은 영역에서 사용하여 발전효율이 높다.

전압이 높아지는데 기술적인 문제가 없으면 어떤 연료전지도 전류밀도를 낮춰 발전효율을 높일 수 있다.

ⓒ 스택의 운전전압을 높이면 어떤 연료전지에서도 스택의 전압이 높아져 발전효율이 상승한다. 그러나 공기를 공급하기 위한 압축기의 동력이 커지기 때문에 저온형 연료전지의 경우는 운전압력에 한계가 있다. 고온형 연료전지의 경우는 스택에서 발생한 열을 가스터빈에서 동력회수 할 수 있으므로 운전압력이 높아져도 압축기의 동력은 가스터빈이 커버해준다.

MCFC의 경우, 대기압 운전에서는 내부개질형이 외부개질형보다 발전효율이 몇 % 높아지는데, 운전압력을 높이면 그 차이가 가까워져 현재의 대형 가스터빈급인 15ata 정도까지 높아지면 계산상으로는 외부개질형 MCFC의 발전효율이 내부개질형과 큰 차이가 없어진다.

② 그 이유는 다음과 같다.

㉠ 배열에서의 회수동력이 커진다. 즉 압력비가 높고 효율 좋은 가스터빈을 사용하면 스택에서 발생한 열을 효과적으로 동력으로 변환할 수 있다.

ⓛ 공기의 공급을 위한 동력을 저감할 수 있다. 원래 외부개질형 MCFC는 스택의 냉각을 위해 대량의 공기를 흘려 보낼 필요가 있다. 이것이 보조기계 동력을 크게 하여 송전단효율을 저하시키는 요인이었다. 그러나 반대로 가스터빈의 출력은 유량에 비례하므로 공기유량이 많은 것이 본질적인 문제가 아니게 된다.

ⓒ 리사이클 블로어의 동력을 저감할 수 있다. 리사이클 블로어의 동력은 기본

적으로 압축비에 비례하는데, 운전압력이 높아지면 차압이 일정해도 압축비가 작아져 거의 무시할 수 있게 된다.

단, 외부개질형 MCFC의 경우는 압력을 높이면 개질률이 낮아지므로 애노드 배기를 리사이클하여 도중에 단열의 보조개질기를 설치하는 등의 배려가 필요하다.

다음으로 발전효율에 영향을 미치는 요인과 발전효율 향상에 대해 생각해보자. MCFC를 기준으로 하고 있으나 일부 요인을 제외하고 다른 연료전지에 대해서도 동일하다고 할 수 있으므로 어떤 요인을 어떻게 조합하면 자신이 생각하는 시스템이 되는지 생각해보기 바란다.

🔋6.1 스택의 운전전압과 네른스트 손실

〈제2장 셀의 기초이론〉에서 운전전압은 아래 식으로 나타낼 수 있다고 하였다.

$$V = V_0 + \text{Nernst Loss} - (R_{IR} + R_C + R_A) \times I$$

여기서, V_0 : 이론전압

R_{IR} : 내부저항

R_C : 캐소드 반응저항

R_A : 애노드 반응저항

I : 전류

Nernst Loss : 네른스트 손실

이 중 이론전압은 열역학적으로 정해지는 것이므로 고려할 여지가 없고 그 외의 마이너스 요인을 얼마나 줄일 수 있는지가 스택의 운전전압을 높여 발전효율을 향상시키는 것으로 이어진다.

R_{IR}, R_C, R_A는 주로 스택의 하드(hard)에 의존하는 부분이므로 이용할 스택이 정해지면 발전효율 향상이라는 관점에서는 고려할 요인이 없다. 물론 운전조건에 따라서는 스택의 전압열화(劣化)를 가속시키는 요인도 있으므로 피해야 하지만, 긍정적인 검토요인이 아니므로 여기서는 생략한다.

결국 스택의 운전전압을 높이는 시스템상의 요인은 네른스트 손실과 전류가 된다. 이 중 전류는 단순하므로 먼저 설명한다.

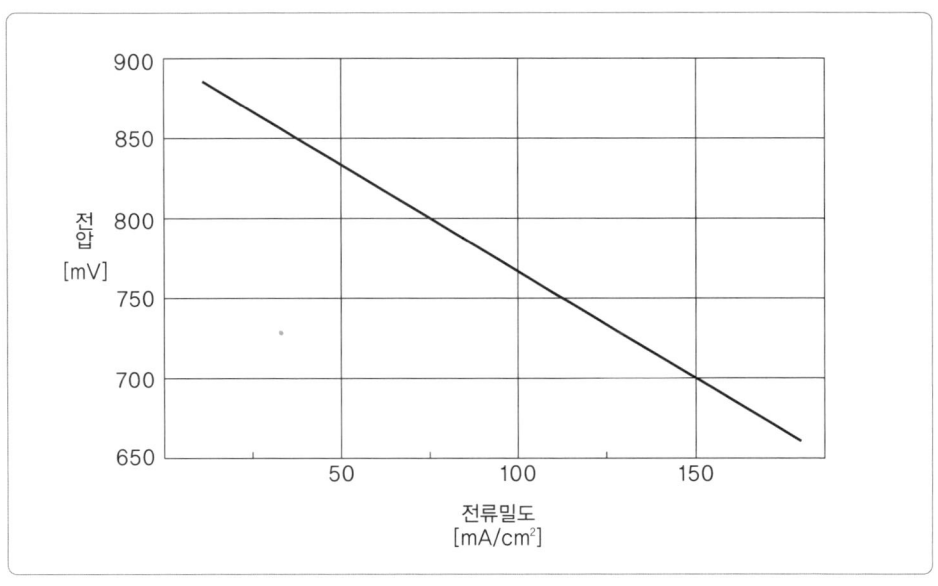

[그림 4.9] 셀의 전류-전압 특성

① 전류-전압 특성

[그림 4.9]에 MCFC의 전류-전압 특성 예를 나타냈다. 그림에 나타낸 커브는 어디까지나 정성적인 특성을 나타낸 것으로, 정량적인 검토를 위한 것이 아니다.

어떤 형식의 연료전지도 전류밀도를 높이면 전압은 낮아진다. MCFC는 전해질판이 두껍고 내부저항이 크기 때문에 전류를 높이면 전압강하가 그만큼 크기 때문에 전류밀도는 100~200mA/cm²의 낮은 영역에서 운전된다.

장래에는 300mA/cm²까지 갈 가능성도 있지만 전해질판이 얇은 고체고분자형이나 고체산화물형에 비하면 훨씬 낮은 전류밀도이다. 고체고분자형이나 고체산화물형에서는 400~800mA/cm²로 운전하는 것이 보통이다. 때로는 1,000mA/cm² 이상으로 운전된다.

전류밀도가 낮다는 것은 반드시 전압이 높아지므로 발전효율이 높아진다. 반면, 스택의 크기가 커져 비용이나 소형화 면에서는 불리해진다.

MCFC(용융탄산염형 연료전지)는 운전온도가 높기 때문에 열손실을 생각하면 소형에는 적합하지 않다는 것이 일반적인 평가이다. 그러나 최근 MCFC보다 고온에서 운전하는 SOFC가 소형으로 방향 전환을 하는 경향이 있는 것을 생각하면 이 점은 장래에 평가될 것이다.

MCFC는 발전효율이 높은 정치식 발전설비에 적합하다. 스택의 운전전압이 높아지는 것 자체는 MCFC의 경우 기술적으로 문제가 없으므로 전류밀도를 낮춰 발전효율이 높은 운전을 하는 것이 가능하다.

스택이 커져도 설치공간 문제는 없을 것이므로 경제성이 평가요인이 된다. 스택을 싸게 제조할 수 있으면 스택이 다소 커져도 상관없지만 스택의 비용이 높은 경우는 조금이라도 전류밀도를 높여 스택을 소형화할 필요가 있다.

스택은 시간이 지나면 취약해져 5년에 한 번 정도의 빈도로 교환할 필요가 있으므로 스택의 비용 자체를 낮추는 것은 매우 중요하다.

② 네른스트 손실
네른스트의 식은 MCFC의 경우 다음과 같다.

$$V = V_0 + \frac{RT}{2F} \ln \left[\left(\frac{P_{H_2}}{P_{H_2O} \times (P_{CO_2})_A} \right) \left((P_{CO_2})_C \times P_{O_2}^{0.5} \right) \right]$$

여기서, V_0 : 이론전압

R : 가스상수

T : 운전온도

F : 패러데이상수

P_{H_2}, P_{H_2O}, (P_{CO_2}) : 애노드 가스의 각 조성의 분압

$(P_{CO_2})_C$, P_{O_2} : 캐소드 가스의 각 조성의 분압

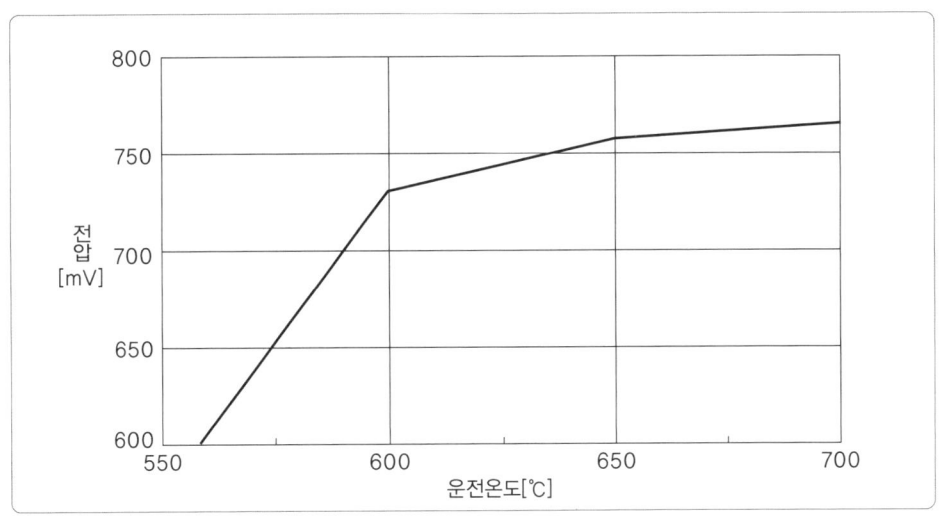

[그림 4.10] 운전온도와 셀 전압

이 중 V_0, R, F는 상수이므로 고려할 여지가 없다. 운전온도는 단기적으로는 높게 하는 편이 전압이 높아지지만, 운전온도를 높게 하면 스택의 수명이 짧아지므로 시스템의 관점에서 자유롭게 바꾸는 것은 어려운 요인이다.

[그림 4.10]에 셀의 운전온도와 전압의 관계를 나타냈다. 이 그림도 정성적인 경향만을 나타낸다. MCFC 스택의 운전 가능 범위는 550~700℃인데, 저온영역에서는 운전온도를 높이면 전압이 크게 상승하고, 고온영역에서는 반대로 운전온도를 높여도 전압이 작게 상승한다. 운전온도를 높이면 스택의 전압열화(劣化)가 커져 고온이 될수록 전압열화가 커진다. 따라서 600~650℃에서 운전하는 것이 적당한 범위이다.

이상, 네른스트의 식에서 시스템상 고려해야 할 요인은 애노드와 캐소드 입구, 출구의 가스분압이다. 분압은 운전압력과 가스 조성으로 정해진다.

연료이용률을 높이는 것은 같은 연료로 보다 많은 출력을 내거나, 더 적은 연료로 같은 출력을 내는 것을 의미하므로 그것 자체가 발전효율을 높이는 요인이지만 연료이용률을 높이면 애노드 출구의 수소농도가 낮아지므로 스택의 전압을 낮추는, 즉 발전효율을 낮추는 요인도 포함되어 있으므로 전체적인 균형에서 판단되어야 한다.

[그림 4.11]에 연료이용률과 셀 전압의 관계를 나타냈다. 이 그림도 정성적인 특성을 나타낸 것이다.

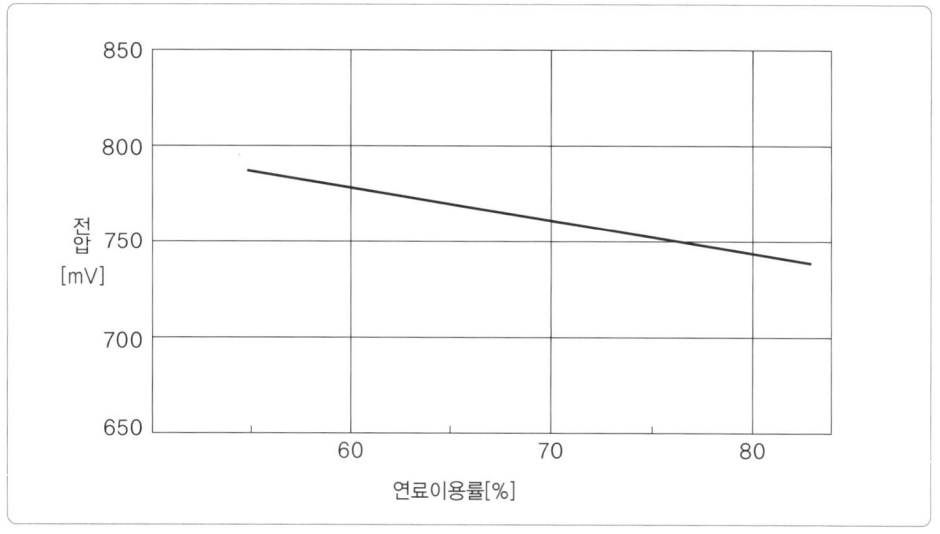

[그림 4.11] 연료이용률과 셀 전압

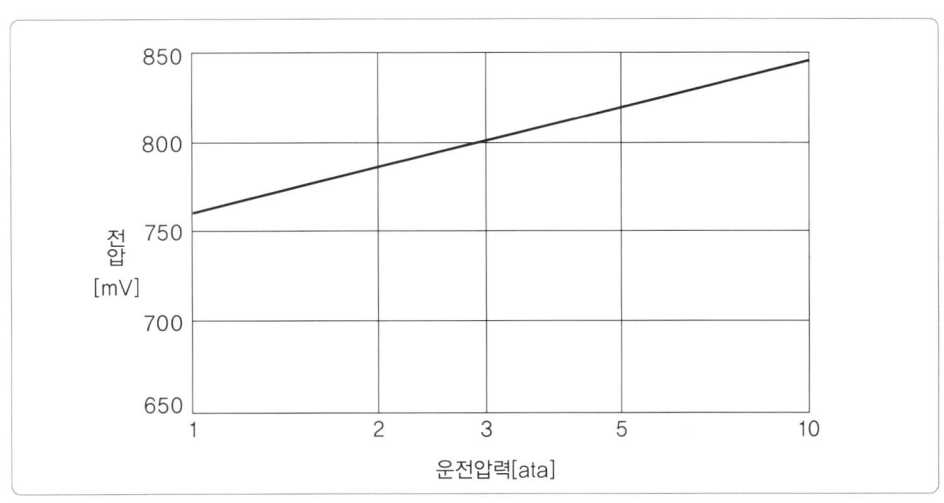

[그림 4.12] 운전압력과 셀 전압

ㄱ 운전압력의 영향

[그림 4.12]에 운전압력과 셀 전압의 관계를 나타냈다. 운전압력이 높아진다는 것은 각 가스 조성의 분압이 높아진다는 것이므로 네른스트 손실과도 관련이 있다. 그 밖에도 시스템의 운전압력을 높이면 상압의 시스템과도 여러 가지 면에서 다른 부분이 생긴다. 우선, 스택의 전압이 높아진다는 것은 큰 장점이지만 MCFC의 경우는 동시에 캐소드의 CO_2 분압을 높이는 것이 되므로 캐소드 전극이 전해질에 용해되기 쉬워져 최종적으로는 니켈단락에 의해 스택의 수명이 단축된다. 또한 공기를 공급하기 위해 압축기가 필요하다. 그러나 압축된 공기는 스택에 공급되어 거기서 가열되므로 그것을 터빈에 넣으면 동력회수가 가능하다. 즉 스택에서 열이 된 만큼의 에너지의 일부를 동력으로 회수할 수 있다. 따라서 가압형의 경우, 가스터빈과 조합 시스템이 된다.

ㄴ 가스 조성의 영향

예를 들어 〈제2장 셀의 기초이론〉에서 설명한 이론전압은 $H_2 + \frac{1}{2}O_2 = H_2O$에 대한 것이었으나, 이 식은 순수한 수소와 순수한 산소가 반응하여 물을 생성하는 식이다. 그러나 실제로는 수소도, 산소도 순수하지 않고 여러 가지 가스가 혼합되어 있다. 따라서 각각의 가스분압이 내려간 만큼 스택의 전압이 저하된다.

MCFC의 애노드 반응을 생각하면 $H_2 + CO_3^{2-} = H_2O + CO_2 + 2e$, 가스의 평형상태를 생각하면 $P_{H_2}/(P_{H_2O} \times P_{CO_2})$, 이 식의 기준이 되는 상태와 실제 상태의 비의 로그가 가스 조성의 기준상태에서의 변화에 대한 전압변화가 된다.

다음 식은 애노드의 가스 조성의 변화에 따른 전압저하량이다.

$$\frac{RT}{2F}\ln\left(\frac{\left(\dfrac{P_{H_2}}{P_{H_2O} \times P_{CO_2}}\right)_{ACTUAL}}{\left(\dfrac{P_{H_2}}{P_{H_2O} \times P_{CO_2}}\right)_{BASE}}\right)$$

캐소드의 반응은 $CO_2 + \frac{1}{2}O_2 + 2e = CO_3^{2-}$ 이므로 가스의 평형상태는 $P_{CO_2} \times P_{O_2}^{0.5}$가 되어 이 식의 기준상태와의 비의 로그가 캐소드 가스 조성의 변화에 대한 전압저하량이 된다. 즉, 캐소드 가스 조성의 변화에 따른 전압저하량은 다음과 같다.

$$\frac{RT}{2F}\ln\left(\frac{(P_{CO_2} \times P_{O_2}^{0.5})_{ACTUAL}}{(P_{CO_2} \times P_{O_2}^{0.5})_{BASE}}\right)$$

네른스트의 식은 로그 안이 캐소드와 애노드의 곱으로 되어 있기 때문에 각각의 로그의 합이 된다.

기준이 되는 가스 조성과 전압의 관계는 순수한 가스를 기준으로 해도 좋고, 실제로 사용하는 스택의 사용조건에 가까운 데이터가 있으면 더 실용적이다. 순수가스를 기준으로 한 경우는 네른스트 손실을 계산할 수 있지만 스택의 전압저하 외의 요인을 알 수 없으므로 네른스트 손실만으로는 실제 운전전압을 계산할 수 없다. 단, 상대적으로 어떠한 가스 조성으로 하면 전압변화가 어느 정도인지를 추정할 수 있다.

그렇다면, 가스 조성이란 어디의 가스 조성을 말하는 것일까? 애노드에서는 입구의 가스 조성 및 유량과 연료이용률을 알면 출구의 가스 조성을 알 수 있다. 입구, 출구의 평균값을 취하는 방법이 일반적인데, 출구의 조성을 기준으로 하는 것이 좋은 경우도 있다.

캐소드도 입구의 가스 조성, 유량과 산소이용률 또는 CO_2 이용률을 알면 출구의 가스 조성을 계산할 수 있다. 애노드의 조성을 알고 있는 경우는 반응량을 계산함으로써 다음과 같이 캐소드 출구 조성을 계산할 수도 있다.

반응량＝애노드 가스유량×(수소와 CO의 몰분율의 합)×연료이용률

애노드의 H_2O 생성량＝반응량
애노드의 CO_2 생성량＝반응량
캐소드의 CO_2 소비량＝반응량
캐소드의 O_2 소비량＝반응량×1/2

③ IGT의 식

네른스트의 식은 어디까지나 이론식이며 실제 스택에서 가스 조성을 변화시켰을 때 계산식대로 결과가 나오는 것은 아니다. 실제 스택에서는 스택 자체의 하드 (hard)적 문제를 포함하여 많은 요인들이 복잡하게 얽혀 있기 때문에 실제 설계에 사용하는 데이터는 많은 실험데이터에 기초한 실험식을 각 제조사마다 확립할 필요가 있다.

미국의 오래된 연구기관 중 하나인 IGT(Institute of Gas Technology, 현재의 Gas Technology Institute)는 20년 전, 스택의 운전전압을 추정하는 식으로 다음 식을 제안하여 오랫동안 많은 사람들이 사용하였다.

이것은 네른스트의 식을 요인마다 분해한 형태의 실험식으로 정밀도에 논의가 있었지만 스택의 특성을 이해하기 쉽고 실용에도 유용했다.

이 식과 개념은 사용하는 사람이 실험데이터에 기초하여 계수를 조정하면 데이터의 정리라는 관점에서도 여전히 유용하다고 생각되므로 여기에 소개한다. 단, 각 요인은 상호 의존성이 있으므로 많은 요인이 한번에 변화했을 때는 단순히 모든 요인의 합만으로는 나타낼 수 없다.

아래는 스택의 운전조건이 어떤 상태(1)에서 어떤 상태(2)로 변화했을 때 운전전압 [mV]이 어느 정도 변하는지를 나타낸 것이다(V_d : 전압의 변화량).

[그림 4.9]~[그림 4.12]와 다른 데이터를 비교해보면 어떤 요인의 계수가 어느 정도이면 좋은지 대략 판단할 수 있다.

㉠ 운전온도 : $575 < T < 600℃ \rightarrow V_d = 2.2\,(T_2 - T_1)$

$\qquad\qquad\quad 600 < T < 650℃ \rightarrow V_d = 1.4\,(T_2 - T_1)$

$\qquad\qquad\quad 650 < T < 700℃ \rightarrow V_d = 0.26\,(T_2 - T_1)$

㉡ 운전압력 : $76.5\ln(P_2/P_1)$

㉢ 애노드 가스 조성

$$V_d = 173 \times \ln\left(\frac{\left(\dfrac{P_{H_2}}{P_{CO_2} \times P_{H_2O}}\right)_2}{\left(\dfrac{P_{H_2}}{P_{CO_2} \times P_{H_2O}}\right)_1}\right)$$

ⓔ 캐소드 가스 조성

$0.04 < (P_{CO_2} \times P_{O_2}^{0.5}) < 0.11$ 일 때,

$$\rightarrow V_d = 250 \times \ln \left(\frac{(P_{CO_2} \times P_{O_2}^{0.5})_2}{(P_{CO_2} \times P_{O_2}^{0.5})_1} \right)$$

$0.11 < (P_{CO_2} \times P_{O_2}^{0.5}) < 0.38$ 일 때,

$$\rightarrow V_d = 99 \times \ln \left(\frac{(P_{CO_2} \times P_{O_2}^{0.5})_2}{(P_{CO_2} \times P_{O_2}^{0.5})_1} \right)$$

ⓜ 전류밀도(내부저항) : $V_d = -0.4 (i_2 - i_1)$

▌6.2 개질률의 향상

연료이용률의 제한이 없는 상태에서 개질률의 향상은 기본적으로 발전효율의 향상에 직결된다. 연료이용률(U_f)은 스택에 공급되는 수소와 CO의 합과 실제로 발전반응에 사용된 수소와 CO의 합의 비율이다. 메탄은 그 대상이 아니므로 연료이용률이 일정해도 개질률이 높아지면 스택에 공급되는 수소와 CO의 합이 늘어나므로 같은 연료라도 발전량이 늘어난다. 이것은 적은 연료로 같은 발전량이 얻어진다는 것을 의미한다.

$$U_f = \frac{(발전반응에\ 사용된\ H_2 + CO)}{(스택에\ 공급된\ H_2 + CO)}$$

개질반응에서 실제 개질온도(그 온도의 평형상수에서 본 가스 조성이 이론평형 가스 조성)와 실제로 얻어진 개질가스의 조성을 평형상수로 치환했을 때 대응하는 온도의 차이를 온도 접근(approach)이라 부르는데, 700~800℃에서의 온도 접근은 그렇게 크지 않다. SV(Space Velocity)에도 따르지만 0~25℃ 정도로 비교적 작은 값이 된다. 따라서 시스템을 검토할 때는 이론평형으로 계산해도 큰 오차는 없다. 물론 온도 접근을 15℃ 정도로 가정하여 계산하는 것도 가능하다. 어쨌든 개질률은 운전조건을 정해주면 계산으로 추정할 수 있다.

개질률은 S/C와 운전온도가 높을수록, 그리고 운전압력이 낮을수록 높아진다. 외부개질형 MCFC의 경우, 배열에 따른 동력회수 관점에서 가압으로 운전하는 것이 일반적인데, [그림 4.6]에서 볼 수 있듯이 운전압력을 높이면 개질률이 나빠지므로 주의해야 한다. 단, [그림 4.12]와 같이 압력을 높이면 스택의 전압이 높아진다.

이상은 기본적으로 외부개질형에 대한 것인데, 직접 내부개질의 경우는 화학평형에 지배를 받으므로 개질률이 거의 100%에 가깝다. 이 경우는 연료이용률만 생각하면 된다.

▮6.3 연료이용률의 향상

개질기에서 개질되지 않은 메탄은 애노드의 발전반응에는 전혀 도움이 되지 않지만 애노드 배기를 개질기의 연료로 이용하고 있는 경우는 거기서 연료로 사용된다. 이 경우는 애노드 배기에 포함되어 있는 가연성분을 하류에서 이용하기 때문에 스택에서의 연료이용률에 제한이 있다.

그러나 MCFC의 경우, 운전온도가 높기 때문에 내부개질방식은 물론 외부개질방식이라도 애노드와 캐소드의 배기가 가진 현열을 유용하게 이용하면 개질용 연료이기 때문에 스택에서의 연료이용률을 제한해야 한다는 필연성이 거의 없어진다. [그림 4.4]에 나타낸 내부개질형 MCFC의 경우, 애노드 배기를 촉매연소기에 의해 공기의 예열로 이용하고 있는데, 캐소드 배기를 이용하여 열교환기로 공기를 예열하면 촉매연소기에서의 연료를 줄일 수 있으므로 본질적인 제한요인이 아니다.

이상은 시스템의 열균형만 고려한 논의인데, 예를 들어 열균형적으로는 개질용 연료가 필요하지 않았더라도 연료이용률을 100%까지 높일 수는 없다. 연료이용률이 100%라는 것은 출구에서 연료가 없어진다는 것을 의미하므로 그 근방에서는 반응이 일어나지 않게 된다.

또한 스택은 수십 단에서 수백 단을 직렬로 접속하기 때문에 각 셀에 흐르는 전류가 동일하다. 전류가 같다는 것은 각 셀의 반응량이 같다는 것이다. 그러나 여러 개가 적층된 스택의 각 셀에 연료를 균일하게 흘려 보내는 것은 쉽지 않다. 실제로 5~10% 정도의 유량배분의 불균형이 발생한다. 따라서 유량배분의 불균형과 출구에서의 연료의 확보 면에서 연료이용률은 통상적으로 80% 전후로 운전되고 있다.

그러나 연료가스를 리사이클하면 비교적 쉽게 연료이용률을 높일 수 있다. 리사이클을 하면 one pass의 연료이용률이 낮아도 전체적인 연료이용률을 높일 수 있기 때문이다. 그러나 이를 위해서는 리사이클 블로어 등이 필요하므로 비용이 증가한다. 리사이클을 하지 않아도 최대 90% 정도까지 연료이용률을 높일 수 있으므로 장래에는 연료이용률 향상에 의한 발전효율 향상이 달성될 것이다.

▣ 6.4 압력손실의 저감

송전단효율을 향상시키기 위해서는 보조기계 동력을 저감할 필요가 있다. 보조기계 동력 중에서 큰 비중을 차지하는 것이 공기 블로어와 캐소드 가스의 리사이클 블로어이다. 왜냐하면 가스량이 많기 때문이다. 애노드계는 연료, 증기 모두 유량이 작고 증기는 압력을 가지고 있기 때문에 애노드계의 압력손실은 상대적으로 중요성이 낮아진다.

가압형의 경우는 공기공급을 위해 블로어가 아닌 터빈압축기를 사용하므로 동력을 소비하는 것이 아니라 반대로 발전출력이 얻어진다. 따라서 표면상으로는 압력손실이 높아도 문제가 없을 것 같지만 압력손실을 저감할 수 있으면 발전출력을 높일 수 있으므로 발전효율을 향상하는 데 있어 압력손실을 저감하는 것은 중요한 요인이 된다. 가압형은 리사이클 블로어의 소비동력이 작아지기 때문에 보조기계 동력이라는 면에서는 중요성이 낮아진다. 블로어의 동력은 기본적으로 압력비 $(P_0 + \Delta P)/P_0$에 의해 결정되는데 기준압이 높아지기 때문에 ΔP가 일정해도 압력비가 작아진다. 물론 가압을 하면 가스의 용적이 작아지므로 일반적으로 ΔP도 작아진다.

캐소드 계통은 원래 가스량이 많고 배관 직경이나 기계 크기가 크기 때문에 압력손실을 줄이기 위해 기기나 배관의 크기를 크게 한다는 발상은 기본적으로 좋지 않다. 물론 합리적인 설계와 배치에 따라 기기를 줄이거나 배관을 없애는 방법을 검토할 필요가 있다. 용기 내에 기기를 배치하여 용기를 배관으로 사용하는 것도 하나의 방법이다. 또한 두 기기를 기능적으로 일체화하는 경우도 있다. 안전성에 문제가 없는 범위라면 약간의 누출을 허용하는 것도 시스템의 심플화에 공헌한다. 가압형으로 하면 기본적으로 가스의 용적이 작아져 기기나 배관의 소형화나 압력손실의 저감에 효과가 있지만, 반대로 배관을 없애는 간단한 설계를 취하기 어려워진다.

▣ 6.5 열손실의 저감

MCFC의 운전온도는 고온이기 때문에 열손실을 저감하는 것은 중요하다. 특히 개질기나 스택에서 발생하는 고온의 열을 유용하게 회수하는 것은 발전효율의 향상에 중요하다. 배열회수라는 관점에서도 열손실의 저감은 중요하다.

이 중에서 평가가 어려운 것은 스택이다. 스택은 발전반응에서 발생하는 열을 제거해야 하기 때문에 동력을 사용하여 냉각하고 있는 것이므로 본래는 열손실을 환영해야 하는 것인지도 모른다. 그러나 MCFC의 전해질의 융점은 480~490℃ 정도로 이 온도에서 액상, 고상의 상변화를 일으키므로 부분적으로도 500℃ 이하로 할 수 없으며, 스택 내의 온도분포에서 오는 열응력을 최소화해야 하므로 스택을 반대로 보온하는 경우도 있다.

스택에서의 열손실을 효과적으로 이용할 수 있으면 냉각을 위한 보조기계 동력을 저감할 수 있는 가능성도 있다. 물론 스택 주위는 500℃ 이상의 적당한 온도로 유지되어 있어야 하며, 스택에서의 방열량은 어딘가에서 열로 유효하게 회수되어야 한다.

외부개질형의 경우는 개질기의 온도가 가장 높고 여기서의 연료소비가 발전효율에 큰 영향을 미치므로 개질기에서의 열손실을 최대한 줄임과 동시에, 고온의 개질가스의 현열을 내부에서 효과적으로 회수할 필요가 있다. 이것은 개질기의 구조와 밀접하게 관련되므로 기본설계의 문제가 된다. 이때 중요한 것은 개질기에서는 흡열반응인 개질반응에 따른 가열이 필요한데, 이 열은 연소에만 의존해야 하는 것은 아

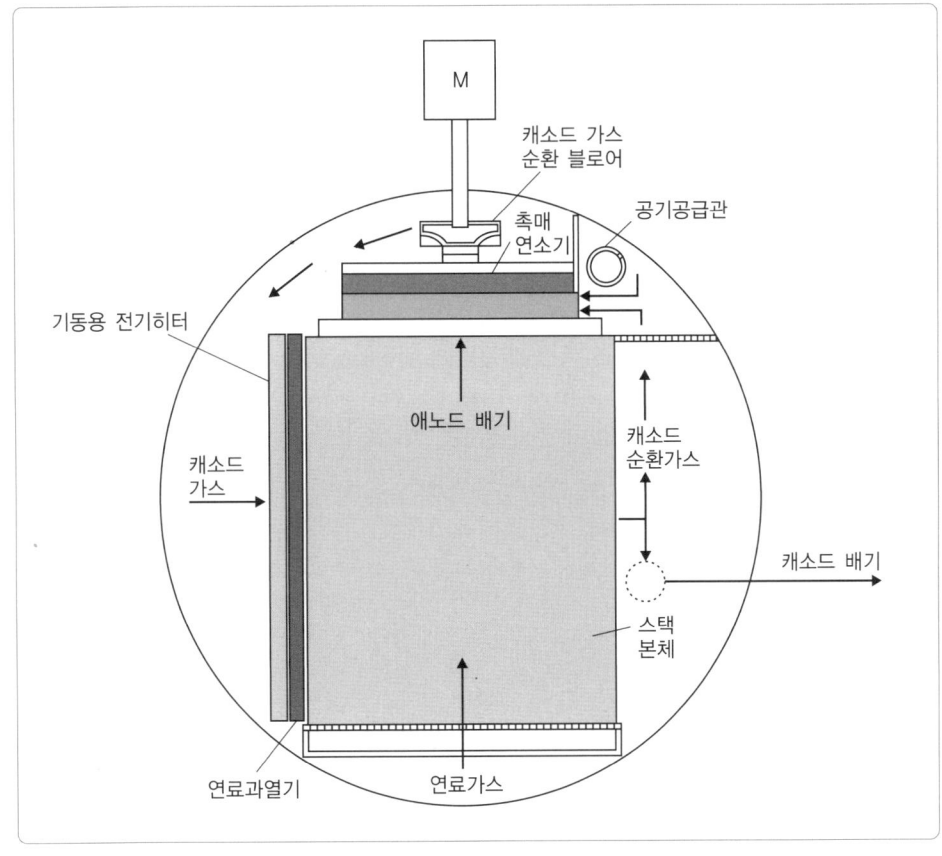

[그림 4.13] 핫 모듈 구조 개념도

니다. 필요한 온도에서, 필요한 열량이 주어지면 어디에서 오는 열이라도 상관없다. 스택에서의 발열을 유용하게 이용하는 것은 중요하다.

이들 설계에 있어서 중요한 것은 고온의 기기는 되도록 한 곳에 모아 배관을 짧게 하는 것이 열손실뿐 아니라 압손의 저감, 비용절감으로도 이어진다는 것이다. 이를 위해서는 종래의 화학플랜드와 같이 독립된 기기를 배관으로 연결하는 것이 아니라 모든 기능을 하나의 기기로 하여 그 기기 안을 가스가 흐르고, 배관은 사용하지 않는 것이 이상적이다.

[그림 4.13]에 나타낸 독일 Daimler Chrysler의 자회사인 MTU사가 최초로 개발한 핫 모듈이라는 스택 주변 설계는 매우 이상적인 설계이므로 참고하기 바란다.

7 이후의 개발 방향성

각종 연료전지의 개발현황, 발전효율에 영향을 미치는 요인 등을 고려하면서 개인적인 의견을 덧붙여 앞으로의 개발 방향성에 대해 생각해보자.

① 상품가치의 향상

PAFC(인산형 연료전지)는 플랜트의 신뢰성, 스택의 수명 등에서 상당한 실적을 쌓아왔으므로 앞으로는 스택을 중심으로 한 비용절감이 가장 중요한 과제이다.

MCFC(용융탄산염형 연료전지)는 아직 상용화 초기단계이고 상용화에 필요한 최소한의 레벨에는 도달했지만, 단기간 내에 플랜트의 신뢰성을 높이고, 중기적으로는 플랜트 크기, 중량, 스택의 수명을 개선함과 동시에 PAFC와 마찬가지로 비용의 절감이 필요할 것이다.

② 상용화

PEFC(고체고분자형 연료전지)는 스택의 수명을 최소 3년 정도까지 늘리거나, 스택의 비용을 극단적으로 싸게 하는 것이 상용화의 첫 번째 조건이다. 다음으로 플랜트 비용을 1천만 원/kW 이하로 하는 것이 중요한 상용화의 요건이다. 현재도 필드 테스트기는 많이 나와 있어 소형화는 확보되어 있다. 스택의 수명과 비용 전망이 얻어지는 시점까지는 플랜트의 신뢰성이 상용화 수준에 이를 것으로 생각된다.

PEFC의 전해질막으로는 100~200℃의 고온에서 사용할 수 있는 것을 개발하려 하는데, 이것에 성공하면 배열에 의한 증기의 발생 등을 통한 발전효율 향상, CO제거기의 제거에 의한 비용절감 및 발전효율 향상 등 효과가 클 것이다.

SOFC(고체산화물형 연료전지)는 스택의 신뢰성과 비용이 가장 중요한 상용화 요건이다. 종래는 스택의 운전온도가 1,000℃로 높고 구성재료에 세라믹을 많이 사용해서 장기간에 걸친 스택의 품질 안정성과 비용에 문제가 생겼다. 그래서 최근에는

800℃ 이하에서 운전하는 중저온형 SOFC의 개발이 활발하다. 이것이 성공하면 신뢰성이 높고 비용도 현실적인 범위에 있는 스테인리스강을 사용할 수 있어 비용과 신뢰성에 크게 공헌할 것이다.

결국, 스택을 포함한 플랜트의 신뢰성과 비용이 상용화의 요건이다.

단셀의 시험에서는 PAFC를 뛰어넘는 수명도 기록되었으므로 장기적으로는 장수명 스택의 개발이 가능할 것이다.

③ 전해질과 운전온도

㉠ 운전온도

스택의 운전온도는 전해질에 따라 결정되는데 새로운 전해질이 개발된다고 하면 몇 도 정도로 운전하는 전해질이 좋은가?

발전효율 면에서 생각하면 스택에서는 전기와 함께 반드시 열이 나오므로 이것을 얼마나 유용하게 사용할 수 있는지가 중요한 포인트이다. 탄화수소계 연료를 수증기 개질하여 수소를 만드는 경우는 이 열원으로 사용할 경우 최소 600℃가 필요하다. 그러나 수소연료를 싸게 입수할 수 있는 시대가 되면 위의 평가도 조금 달라질 것이다.

배열을 가스터빈 등으로 동력회수하는 경우는 열원으로서 온도가 높을수록 좋지만 스택을 1,000℃로 운전해도 배기온도가 1,000℃가 되는 것은 아니다. 왜냐하면 1,000℃에서 운전하는 스택에 공기나 연료를 공급하기 위해서는 배기를 이용하여 이들을 예열해야 하며 가스터빈 등으로 이용할 수 있는 것은 그 후이기 때문이다.

플랜트의 비용이나 신뢰성을 생각하면 스테인리스강을 사용할 수 있는 온도 영역이 바람직한데, 그러한 의미에서 800℃ 이하가 된다. 따라서 사용온도 영역이 650~750℃ 정도의 전해질이 하나의 목표가 된다.

중저온 SOFC의 개발은 이 영역을 목표로 하고 있을 것으로 생각된다.

㉡ 전해질의 요건

전해질에는 액체와 고체가 있다. 둘을 비교하면 액체 쪽이 불안정하게 생각되지만 실제로 상용화되어 있는 PAFC와 MCFC는 모두 액체전해질이다.

이들은 40,000시간 이상을 전망할 수 있는 수준이지만 다공성 전해질판에 액체를 함침시키는 방식이므로 가스의 실(seal) 성능을 생각하면 얇게 할 수는 없다.

PEFC와 SOFC는 고체전해질로, 두께는 수십 μm 정도인데 이후 더 얇아질 가능성이 있다. 이것은 전류밀도를 높게 해도 전압저하가 작으므로 스택을 소형화할 수 있다는 것을 의미한다.

따라서 박막으로 장기간 안정된 고체전해질의 개발이 하나의 과제이다.

일반적으로 고온일수록 물질의 안정성을 얻는 것이 어려우므로 SOFC는 700℃ 전후가 바람직하다.

④ 가스터빈과의 하이브리드 시스템

발전효율 면에서는 가압하면 스택의 전압이 높아지고 배열을 이용한 동력회수가 가능해지므로 고온형 연료전지의 경우는 가압시스템이 반드시 좋아진다. 저온형 연료전지의 경우는 공기를 공급하기 위한 압축기 동력이 필요하며 터빈에 의한 동력회수를 위한 열원이 없으면 가압으로 하는 장점이 작아진다.

또한 가압으로 하면 개질률이 나빠지므로 고온형이라도 가압의 경우는 내부개질 방식이나 보조개질기를 병설하는 방식이 될 것이다.

그러나 가압형 연료전지 발전시스템 중 지금까지 상용화된 것은 없고 가압한다는 단순한 것이기는 하지만 상품으로서의 신뢰성이 얻어질 때까지는 다소 시간이 걸릴지도 모른다.

가압으로 한 경우는 가스터빈과의 하이브리드 형태가 될 것으로 생각되므로 소형의 것에는 적합하지 않다. 또한 내부개질형의 MCFC에서는 스택 자체는 가압으로 하지 않는 가스터빈과의 하이브리드 시스템도 있다.

⑤ 높은 연료이용률

내부개질방식이나 현열개질방식 등 스택에서의 연료이용률에 특별히 제한이 없는 시스템에서는 85~90% 정도까지 연료이용률을 높여 발전효율을 높이는 방향으로 갈 것이다.

⑥ 일체화

특히 고온형 연료전지에서는 고온부를 일체화하여 배관을 없앤 컴팩트한 설계로 하면 압력손실, 열손실을 저감하여 발전효율을 향상시키고 비용도 낮추는 등의 노력이 필요할 것이다.

제5장

자료편

● 단위, 약호, 기호
● 연료전지 관련 용어의 영어번역 예

$$H_2 \rightarrow 2H^+ + 2e$$

$$\frac{1}{2}O_2 + 2H^+ + 2e \rightarrow H_2O$$

단 위		
항목	사용한 단위	비 고
가스량	kg-mol(또는 mol) Nm³ l(리터)	1kg-mol=22.414Nm³(1mol은 22.414l) m³N으로 표기하기도 한다.
열량	kcal	1kJ=1,000J=0.2389kcal
전기출력	kW(또는 W)	1kWh=860kcal 1kJ=1kWs=860/3,600kcal
온도	℃(셀시우스) K(켈빈)	K=℃+273.15
압력	ata atm(기압)	1ata=1kg/cm²(absolute) 1kg/cm²=98.0665kPa 1atm=1.0332ata
차압	mmH₂O(물기둥)	
전기량	C(쿨롱)	1A의 전류가 1s 동안 운반하는 전기량(6.2415×10¹⁸)
전류	A(암페어)	1C=1As
전압	V(볼트)	W=VA
농도	mol% wt% ppmv	용적% 중량% 1ppmv는 용적비로 함유율이 1/10⁶임을 나타낸다. 통상적으로 ppm으로 표기하면 ppmv를 나타낸다.
길이	m, cm, mm, μm	
면적	m², cm²	
소음	dB(데시벨)	

약 호		
약호	표시내용	의 미
S/C	Steam to Carbon Ratio	수증기/탄소비
BOL	Beginning Of Life	셀의 초기성능
EOL	End Of Life	셀의 최종성능
LHV	Lower Heat Value	저위발열량(반응생성물로서의 수증기의 응축열을 포함하지 않은 발열량)
HHV	Higher Heat Value	고위발열량(반응생성물로서의 수증기의 응축열을 포함한 발열량)
AFC	Alkaline Fuel Cell	알칼리형 연료전지
PEFC 또는 PEMFC	Polymer Electrolyte Fuel Cell Proton Exchange Membrane Fuel Cell	고체고분자형 연료전지
PAFC	Phosphoric Acid Fuel Cell	인산형 연료전지
MCFC	Molten Carbonate Fuel Cell	용융탄산염형 연료전지
SOFC	Solid Oxide Fuel Cell	고체산화물형 연료전지
LTSOFC	Low Temperature SOFC	저온형 SOFC
MEA	Membrane Electrode Assembly	막전극접합체
YSZ	Yttria Stabilized Zirconia	이트리아 안정화 지르코니아

기 호		
기호	표시내용	비 고
H H_{CH4}	엔탈피 가스종, 상태 등의 특정	kcal/kg-mol(가스의 현열) 첨자는 H, G, F, Q 등 모두에 사용(H_{CH4}는 메탄의 예)
ΔH	반응열	kcal/kg-mol
ΔG	자유에너지	kcal/kg-mol ($\Delta G = \Delta H - T\Delta S$)
F	체적유량	kg-mol/h 또는 Nm^3/h
G	중량유량	kg/h
Q_{CH4}	열량	kcal/h (예 $Q_{CH4} = \Delta H_{CH4} \times F_{CH4}$)
TM	총 몰수	kg-mol/h
M_{CH4}	가스 조성	mol% (예 메탄의 용적 %)
W_{H2}	가스 조성	wt% (예 수소의 중량 %)
MW	몰웨이트	kg/kg-mol ($MW = G/TM$)
T	온도	℃ 또는 K
I	전류	A(암페어)
Ac	셀의 유효전극 면적	cm^2
i	전극밀도	A/cm^2 또는 mA/cm^2 ($i = I/Ac$)
V_0	이론전압	V(볼트)
V	전압	V_C : 셀 전압, V_S : 스택 전압
N	셀 적층수	$V_S = V_C \times N$
U	가스의 이용률	%(U_f, U_{CO2}, U_{O2}는 각각 연료, CO$_2$, 산소의 각 이용률) 예 V_f=(발전반응에서 사용한 수소)/(스택에 공급한 수소)
e	전자	발전반응에 관여하고 있는 전자
R	전기저항	R_{IR} : 내부저항, R_C : 캐소드 반응저항, R_A : 애노드 반응저항
η	효율	η_g : 발전효율, η_{ref} : 개질률, η_{inv} : 인버터 효율, η_c : 압축기 단열효율, η_t : 터빈 단열효율, η_{mech} : 기계효율, η_{mot} : 모터효율, η_p : 펌프효율, η_{gen} : 발전기 효율
κ	비열비	$\kappa = C_p/C_v$
C_p	정압비열	kcal/kg℃ 또는 kcal/kg-mol·K
C_v	정용비열	kcal/kg℃ 또는 kcal/kg-mol·K
R	가스상수	$R_0 = MW \times R = 847.82$kgf·m/kg-mol·K $R_0 = 847.82/426.8 = 1.9865$kcal/kg-mol·K
A	일의 열당량	426.8kgf·m/kcal
P	압력	kg/cm^2 입구 : P_1 또는 P_1, 출구 : P_2 또는 P_O
R	압축비, 압력비	압축기 : P_2/P_1, 터빈 : P_1/P_2
L_0	축동력 또는 축출력	kW
L	모터동력 또는 발전기 출력	kW
V	용적	m^3
K	평형상수	K_R : 개질반응, K_S : 시프트 반응
P_{CO2}	분압	첨자의 가스분압 (예 CO$_2$의 분압)
H$_2$O(g)	물질이 기체의 상태	예 기체의 상태에 있는 물
Q_L	열교환 시의 저온 측 열량	Q_H : 고온 측 열량

* 이 표에는 화학기호나 일반적으로 사용되고 있는 약호는 생략했다.

[기술용어]

1차 탈황 — primary desulfurizer

3상계면 — 3 phase boundary layer

CNG — Compressed Natural Gas

CO_2 이용률 — CO_2 utilization rate

CO변성기 — CO shift converter

CO 제거(선택산화 참조) — CO removal

DME — Di-Methyl Ether

EB-PVD — Electron Beam-Physical Vapor Deposition

EVD — Electrochemical Vapor Deposition

GTL — Gas To Liquid

ITS — Intelligent Transport Systems

MEA(막전극접합체) — Membrane Electrode Assembly

MOLB형 SOFC — Mono-block Layer Built type SOFC

PAN — Poly-Acrylonitrile

PBO(자일론) — Polyparaphenylene Benzobis Oxazole(Zylon)

PCU — Power Conditioning Unit

PPS — Power Producer and Supplier

SUV — Sports Utility Vehicle

SV — Space Velocity

UPS(무정전전원장치) — Uninterruptible Power Supply

γ-글리시독시프로필트리메톡시실란 — GPTMS(γ-Glysidxy Propyl Trimethoxy Silane)

가스 조성 — gas composition

가스상수, 기체상수 — gas constant

가스터빈 — gas turbine

가스통로 — gas passage

가스화 — gasification

가스화로 — gasifier

가스확산층 — gas diffusion layer

가습기 — humidifier

가전자제어 — valence electron control

간접 내부개질 — indirect internal reforming

개스킷 — gasket

개질기 — reformer

개질률 — reforming efficiency

개질반응 — reforming reaction

개질온도 — reforming temperature

개질촉매 — reforming catalyst

개회로전압(OCV) — Open Circuit Voltage

경유 — diesel oil, light oil

계면활성제 — surface active agent

계통 — grid, utility grid

계통연계운전 — grid connected operation, grid parallel operation

고로가스(BFG) — Blast Furnace Gas

고압수소탱크 — high pressure hydrogen tank

고온 시프트 — higher temperature CO shift conversion

고온공학시험연구로(HTTR) — High Temperature Engineering Test Reactor

고위발열량(HHV) — Higher Heat Value

고조파 — harmonics

고체고분자형 연료전지(PEFC) — Polymer Electrolyte Fuel Cell

고체고분자형 연료전지(PEMFC) — Proton Exchange Membrane Fuel Cell

고체산화물형 연료전지(SOFC) — Solid Oxide Fuel Cell

공기과잉률 — excess air ratio

공기극 — air electrode (cathode)

공기극 지지(AES) — Air Electrode Supported

공연비 — air/fuel ratio

공유결합 — covalent bond

광촉매 — photo-catalyst

교류 — Alternating Current

구정(球晶) — spherulite

그래파이트 — graphite

기계효율 — mechanical efficiency

기전력 — electromotive force

깁스 — Gibbs

나노혼 — nano horn

나프타 — naphtha

나피온막 — Nafion(Perfluoro Carbon Sulphonic Acid Polymer Membrane)

내부 매니폴드 — internal manifold

내부개질 — internal reforming

내부저항 — internal resistance

내열성 폴리에틸렌 — heat resistant polyethylene

내열식 수증기 개질 — autothermal steam reforming

냉각매체 — cooling medium

냉각판 — cooling plate

네른스트 손실 — Nernst Loss

넥사(발라드사의 상품명) — Nexa

노르말부탄(nC_4H_{10}) — normal butane

노르말펜탄(nC_5H_{12}) — normal pentane

농도 — concentration

농도 과전압 — concentration overvoltage

니켈 — nickel

니켈수소전지 — Nickel-Metal Hydride Battery

다공질카본폰 — porous carbon plate

다이렉트 메탄올형 연료전지(DMFC) — Direct Methanol Fuel Cell

단락 — short circuit

단롤액체급냉법 — single roll liquid quenching process

단선결선도 — electrical one line diagram

단열 — thermal insulation, heat insulation

단열효율 — adiabatic efficiency

단층 카본 나노튜브 — single layer carbon nano-tube

데카린 — dekalin

도시가스 — city gas, town gas

독립운전 — grid independent operation, island mode operation

동력회수 — power recovery

등방성 흑연재 — isotropic graphite

등유 — kerosene

디메틸에테르(DME) — Di-Methyl Ether

란탄 갈레이트($LaGaO_3$) — lanthanum gallate

란탄 망가나이트($LaMnO_3$) — lanthanum manganite

란탄 스칸데이트($LaScO_3$) — lanthanum scandate

란탄 스트론튬 망가나이트($La_{1-x}Sr_xCrO_3$) — lanthanum strontium manganite

란탄 크로마이트($LaCrO_3$) — lanthanum cromite

루빈산 — rubeanic acid

루테늄 — ruthenium

리사이클 블로어 — recycle blower

리튬 알루미네이트(알루민산리튬)($LiAlO_2$) — lithium aluminate

마스크 플레이트 — mask plate

매트릭스 — matrix

메타네이션 반응 — methanation reaction

메탄(CH_4) — methane

몰브(MOLB) — Mono-block Layer Built

미스트분리기 — mist separator

바륨 인데이트($Ba_2In_2O_5$) — barium indate

바이폴라 플레이트 — bi-polar plate

반응 과전압 — reaction overvoltage

반응열 — reaction heat

반응저항 — reaction resistance

발열반응 — exothermic reaction

발전단출력 — gross power output

발전단효율 — gross power generation efficiency

방출성형 — injection molding

배열회수보일러(HRSG) — Heat Recovery Steam Generator

백금 — platinum

변압기 — transformer, voltage transformer

병렬접속 — parallel connection

보조개질기 — supplemental reformer

보호릴레이 — protection relay

부분부하 — partial load

부분산화 — partial oxidation

부생수소 — byproduct hydrogen

부하변화속도 — load change speed

분극 특성 — polarization characteristic

분극곡선 — polarization curve

분극저항 — polarization resistance

분산형 전원 — dispersed(distributed) power source

분압 — partial pressure

분자량, 몰웨이트 — molecular weight

불포화폴리에스테르수지 — unsaturated polyester resin

블로어 — blower

비열 — specific heat

비평형 플라스마 — non-equilibrium plasma

산소이온 — oxygen ion

산소이용률 — oxygen utilization rate

산화니켈(NiO) — nickel oxide

산화셀륨(세리아)(CeO_2) — cerium oxide(ceria)

산화제 — oxidant

산화지르코늄(지르코니아)(ZrO_2) — zirconium oxide(zirconia)

생성열 — heat of formation

선택산화(POX) — selective oxidation, preferential oxidation

세퍼레이터 — separator

센터 플레이트 — center plate

셀 구성요소 — cell component

셀 전압 — cell voltage

셀 초기성능 — Beginning Of Life performance, BOL performance

셀 최종성능 — End Of Life performance, EOL performance

소결 — sintering

소내동력 — auxiliary power

소비동력 — power consumption

소수성 — hydrophobicity

소음 — noise

소화가스(ADG) — Anaerobic Digester Gas

송변전설비 — transmission and transformation facility

송전단출력 — net power output

송전단효율 — net power generation efficiency

수돗물 — potable water

수분관리 — water management

수소이온 — hydroxide ion

수소이온, 프로톤 — proton

수소저장 폴리머 — hydrogen storage polymer

수소제조 프로세스 — hydrogen production process

수소취성 — hydrogen embrittlement

수소합성균 — hydrogen synthesis bacteria

수소화붕소나트륨(NaBH₄) — sodium boron hydride

수소흡장합금 — hydrogen storing alloy

수속충격파의 원리 — convergent shock wave theory

수증기 개질 — steam reforming

수증기/탄소비(S/C) — steam to carbon ratio

수처리장치 — water treatment facility

수화 프로톤 — hydrated proton

술폰산 — sulfonic acid

술폰화 — sulfonation

스며나오다 — ooze out

스칸디아 안정화 지르코니아(ScSZ) — Scandia Stabilized Zirconia

스택 — stack, cell stack

스택의 수명 — life of stack

스퍼터링 — sputtering

스페이스 벨로시티(SV) — Space Velocity

스피넬 — spinel

시약 — reagent

시징 — seizing

시클로헥산 — cyclohexane

시폭스(CPOX) — Catalytic Partial Oxidation

시프트 반응기 — CO shift conveter

시프트 촉매 — CO shift conversion catalyst

실란 커플러 — silane coupler

실란(규화수소) — silane(hydrogen silicide)

실록산 — siloxane

실리콘 웨이퍼 — silicon wafer

실리콘 카바이드(탄화규소) — silicon carbide

심해순항탐사기(AUV) — Deep Sea Cruising Autonomous Underwater Vehicle

아보가드로상수 — Avogadoro's constant

아스코르빈산 — Ascorbic acid

알칼리형 연료전지(AFC) — Alkaline Fuel Cell

압력 — pressure

압력균형 — pressure balance

압력비 — pressure ratio

압력손출 — pressure loss

압축기 — compressor

압축비 — compression ratio

애노드 배기 — anode exhaust gas

애노드(연료극) — anode(fuel electrode)

액체유기하이드라이드 — liquid organic hydride

액화석유가스(LPG) — Liquefied Petroleum Gas

에탄(C_2H_6) — ethane

엔탈피 — enthalpy

엔트로피 — entropy

여기전자 — excited electron

역상 마이크로 에멀션법 — reversed phase micro emulsion method

연료극(애노드) — fuel electrode(anode)

연료이용률 — fuel utilization rate

연료전지 스택 — fuel cell stack

연료전처리시스템 — fuel pre-treatment system

연비시험 — mileage test

연소기 — combustor

연소열 — heat of combustion

열·물질수지 — heat and material(or mass) balance

열경화성 수지 — thermosetting resin

열교환기 — heat exchanger

열균형 — heat balance

열량 — heat value

열손실 — heat loss

열의 일당량 — mechanical equivalent of heat

열화율 — decay rate

열회수율 — heat recovery rate
염화백금산 — chloride platinic acid
염화백금산염 — chloroplatinate
예열기 — pre-heater
오니 — sludge
오토서멀 리액터 — auto-thermal reactor, catalytic partial oxidation(CPOX)
온도 — temperature
온도 접근 — temperature approach
외부 매니폴드 — external manifold
외부개질형 — external reforming type
요오드화수소 — hydrogen iodide
용사법 — plasma spray method
용액의 고화 — coagulation
용융탄산염형 연료전지(MCFC) — Molten Carbonate Fuel Cell
용해 — dissolution
용해도 — solubility
운전전압 — operating voltage
원통형(평판형) SOFC — tubular(planar) type SOFC
유기규소화합물 — organic silicon compound
유기-무기 하이브리드 고체전해질 — organic-inorganic hybrid electrolyte
유량배분, 유량 — flow distribution
유전자재조합균체 — bacteria applied gene manipulation technology
유전자재조합기술 — gene manipulation technology
유효전극면적 — effective electrode area
응집 — aggregation
이론발전효율 — theoretical power generation efficiency
이론전압 — theoretical voltage
이소부탄(iC_4H_{10}) — iso butane
이소펜탄(iC_5H_{12}) — iso pentane
이온교환 용량 — ion exchange capacity
이온교환막 — ion exchange membrane
이온전도율(성) — ionic conductivity
이트리아 안정화 지르코니아(YSZ) — Yttria Stabilized Zirconia $(Y_2O_3)_x(ZrO_2)_{1-x}$
익스팬더 — expander
인듐 — indium
인버터 — inverter
인산수용액 — phosphoric acid solution
인산형 연료전지(PAFC) — Phosphoric Acid Fuel Cell
인터커넥터 — interconnector
일의 열당량 — heat equivalent of work

임피던스 — impedance
자기현열개질법(ATR) — Auto-Thermal Reforming process
자유에너지 — free energy
재생가능에너지 — renewable energy
재생열교환기 — regenerator, regenerative heat exchanger
저(중)온형 SOFC(LTSOFC) — Low(Intermediate) Temperature Solid Oxide Fuel Cell
저공해차 — low emission vehicle
저온 시프트 — lower temperature CO shift conversion
저위발열량(LHV) — Lower Heat Value
저항분극 — resistance polarization
전극 — electrode
전기분해 — electrolysis
전기전도도 — electric conductivity
전기탈이온장치 — electrical deionizer
전기화학반응 — electro-chemical reaction
전로가스 — LDG
전류 — electric current, current
전류밀도 — current density
전류-전압 특성 — relation between current and voltage, I-V characteristics
전압 — voltage
전압열화 — voltage decay
전열률속 — rate determining by heat transfer
전해질 — electrolyte
전해질막 — electrolyte membrane
전해질판 — matrix
전화기 — converter
전화율 — conversion rate
절연 — electrical insulation
접촉저항 — contact resistance
정격출력, 정격부하 — rated output, rated load
정류소자 — rectifier element
정압비열 — specific heat at constant pressure
정용비열 — specific heat at constant volume
정전 — power failure, outage
제습 — dehumidification
제습기 — dehumidifier
제올라이트 — zeolite
조임장치 — clamping equipment
종합효율, 종합열효율 — overall efficiency, total thermal efficiency
중량유량 — weight flow

지락 — ground fault

지르코늄 — zirconium

직렬접속 — series connection

직류 — direct current

직접 내부개질 — direct internal reforming

직접발전 — direct generation of electricity

질화규소 — silicon-nitride

집전판 — current collector

차압 — pressure difference, differential pressure

처리수 — de-ionized water

천연가스 — natural gas

천연가스자동차(NGV) — Natural Gas Vehicle

체심입방구조 — body centered cubic structure

체적유량 — volumetric flow

초음파 진동자 — supersonic oscillator

초퍼 — chopper, DC/DC converter

촉매 — catalyst

촉매산화기, 촉매연소기 — catalytic oxidizer, catalytic combustor

촉매피독 — catalyst poisoning

충격고온 — high temperature by shock wave

친수성 — hydrophilicity

카르본산 — carboxylic acid

캐소드 용출 — cathode dissolution

캐소드(공기극) — cathode(air electrode)

코크스로 가스(COG) — Coke Oven Gas

콜게이트판 — corrugated plate

쿨롱 — Coulomb

크리프 변형 — creep transformation

크리피지 — creepage

클러스터 — cluster

타펠 측정 — Tafel's method

탄산나트륨(Na_2CO_3) — sodium carbonate

탄산리튬(Li_2CO_3) — lithium carbonate

탄산이온 — carbonate ion

탄산칼륨(K_2CO_3) — potassium carbonate

탄소 — carbon

탄소 석출 — carbon formation, carbon deposition

탄화규소 — silicon carbide

탈황기 — desulfurizer

탈황촉매, 탈황제 — desulfurrization catalyst, desulfurrization agent

탱크롤리 — tank truck
터빈압축기 — turbine compressor
파워반도체 — power semiconductor
패러데이상수 — Faraday constant
펌프 — pump
평형상수 — equilibrium constant
폴리인산 — poly-phosphoric acid
표면장력 — surface tension
풀러렌(C60) — fullerene
프로세스 플로 시트 — process flow sheet
프로판(C_3H_8) — propane
프리컨버터, 프리리포머 — pre-converter, pre-reformer
플러딩 — flooding
필터 — filter
하수처리장 — seweage treatment facility
하이드라이드(수소화물) — hydride
하이드로겔 — hydrogel
하이브리드 시스템 — hybrid system
합사기술 — braiding technology
핫 모듈 — hot module
헤더 — header
헥사알루미네이트촉매 — hexa-aluminate catalyst
현열 — sensible heat
현열개질 — sensible heat reforming
혐기성 발효 — anaerobic fermentation, anaerobic digestion
혼합기 — mixer
화학기상성장법(화학증착법)(CVD) — Chemical Vapor Deposition
화학도금법 — chemical plating
화학평형 — chemical equilibrium
확산 — diffusion
확산분극 — diffusion polarization
확산저항 — diffusion resistance
활성탄 — activated carbon
활성화 과전압 — activation overvoltage
활성화 에너지 — activation energy
황화수소 — hydrogen sulfide
황화카드뮴 — cadmium sulfide
효율 — efficiency
휴대단말기, 휴대정보기기(PDA) — mobile information appliance, personal Digital Assistant
흡수 — absorption

흡열반응 — endothermic reaction
흡장 — occlusion
흡착 — adsorption
희토류 — rare earth

[FCV차(연료전지자동차)명의 예]
Daimler Chrysler(승용차)　　NECAR-5, F-Cell
Daimler Chrysler(버스)　　NEBUS, CITARO
General Motors(GM)　　Hydrogen 3
토요타　　FCHV-5
토요타-히노(버스)　　FCHV-BUS 2
토요타-다이하츠　　MOVE FCV-K-2
닛산　　X-TRAIL FCV
혼다　　FCX-V4
마츠다 프레마시　FC-EV
초월 1호(중국)　　Chao Yue 1

[대표적인 프로젝트명]
고체고분자형 연료전지시스템 기술개발사업
　-Technology Development of Polymer Electrolyte Fuel Cell Systems
수소안전이용 등 기반기술개발
　-Development of Fundamental Technologies on the Safe Utilization of Hydrogen
제철프로세스 가스이용 수소제조 기술개발사업
　-Development of Hydrogen Production Technology utilizing Byproduct Gas in Iron Works
고효율 고온 수소분리막의 개발
　-Development of Hydrogen Separation Membrane with High Efficiency at High Temperature
고체고분자형 연료전지시스템 보급 기반정비사업(밀레니엄 프로젝트)
　-Establishing Platforms for the Widespread Use of Polymer Electrolyte Fuel Cell Systems
고체고분자형 연료전지시스템 실증 등 연구
　-Demonstration Test for Stationary Polymer Electrolyte Fuel Cell Systems
LP가스 고체고분자형 연료전지시스템 개발사업
　-Development of Polymer Electrolyte Fuel Cell Systems with Liquefied Petroleum Gas
휴대용 연료전지 기술개발
　-Research and Development of Mobile Polymer Electrolyte Fuel Cell Systems
차세대형 분산에너지시스템 기반기술 연구개발
　-Research and Development of Fundamental Technologies for Next Generation Distributed
Energy Systems
수소·연료전지 실증 프로젝트(JHFC 프로젝트)
　-Japan Hydrogen and Fuel Cell Demonstration project(JHFC Project)

수소에너지 이용기술(WE-NET) 연구개발사업
 -International Clean Energy Network Using Hydrogen Conversion
용융탄산염형 연료전지(MCFC)의 연구개발
 -Technology Development of Molten Carbonate Fuel Cell(MCFC) Power Generation
고체산화물형 연료전지의 연구개발(SOFC)
 -Research and Development of Solid Oxide Fuel Cell
수소 경제를 위한 국제 파트너십(IPHE)
 -International Partnership for the Hydrogen Economy
환경배려형 도시교통시스템 프로젝트(ECTOS)
 -Ecological City Transport System
유럽클린도시 교통프로젝트(CUTE)
 -Clean Urban Transport for Europe
캘리포니아 FC 파트너십(CaFCP)
 -California Fuel Cell Partnership
차세대 차 개발 프로젝트(PNGV)
 -Partnership for a Next Generation Vehicle

[법령]
PFI(Private Finance Initiative)법(민간자금 등의 활용에 의한 공공시설 등의 정비 등의 촉진에 관한 법률)
 -Law relating to Promotion of Realization of Public Facilities by Using Private Funds
PL법(제조물책임법)
 -Product Liability Act
클린구입법(국가 등에 의한 환경물질 등의 조달 추진 등에 관한 법률)
 -Law on Promoting Green Purchasing(Law concerning the Promotion of Procurement of Eco-Frendly Goods and Services by the State and Other Entities)
리사이클 사회기본법(순환형 사회형성추진 기본법)
 -Basic Law for Establishing a Recycling-Based Society
건축기준법
 -Building Standards Law, the Building Standards Act
고압가스보안법
 -High Pressure Gas Safety Law
에너지절약법(에너지 사용의 합리화에 관한 법률)
 -Energy Conservation Law(Law concerning the Rational Use of Energy)
소방법
 -Fire Service Law, the Fire Services Act
수질오염방지법
 -Water Pollution Control Law, the Water Pollution Prevention Act
소음규정법
 -Noise Regulation Law

대기오염방지법

-Air Pollution Control Law, the Air Pollution Control Act

지구온난화대책 추진에 관한 법률

-Law concerning the Promotion of the Measures to Cope with Global Warming

전기사업법

-The Electric Utilities Industry Law, the Electricity Enterprises Act

도로운송차량법

-Road Trucking Vehicle Law

도로교통법

-Road Traffic Law, the Road Traffic Act

노동안전위생법

-Industrial Safety and Health Law

노동기준법

-Labor Standards Law, the Labor Standards Act

[관공청, 지자체]

내각부 - Cabinet Office

　내각관방 - Cabinet Secretariat

　내각관방장 - Chief Cabinet Secretary

　경제재정자문회의(CEFP) - Council on Economical and Fiscal Policy

　종합과학기술회의 - Council for Science and Technology Policy

　종합규제개혁회의 - Council for Regulatory Reform

총무성(MPHPT) - Ministry of Public Management, Home Affairs, Posts and
　　　　　　　　　　Telecommunications

　소방청 - Fire and Disaster Management Agency

문부과학성(MEXT) - Ministry of Education, Culture, Sports, Science and Technology

경제산업성(METI) - Ministry of Economy, Trade and Industry

　산업구조심의회 - Industrial Structure Council

　　동상 산업기술분과회 - Industrial Science and Technology Committee

　신에너지산업비전 - Vision for the New Energy Business

　신산업창조전략 - Toward a Sustainable and Competitive Industrial Structure

　통상백서 - White Paper on International Economy and Trade

　종합자원에너지조사회 - Advisory Committee for Natural Resources and Energy

　동상수급부회 - Energy Supply and Demand Subcommittee

　자원에너지청(ANRE) - Agency for Natural Resources and Energy

　연료전지실용화전략연구회 - Policy Study Group For Fuel Cell Commercialization

　연료정책기획실 - Fuel Policy Planning Office

　원자력안전보안원(NISA) - Nuclear and Industrial Safety Agency

　킨키경제산업국 - Kansai Bureau of Economy, Trade and Industry

국토교통성(MLIT) - Ministry of Land, Infrastructure and Transport
환경성(MOE) - Ministry of the Environment
　환경백서 - Environmental White Paper
　기후변동체계조약 - The Framework Convention on Climate Change
　교토의정서 - the Kyoto Protocol
　마라케시합의 - The Marrakesh Accords (and The Marrakesh Declaration)
　체약국회의(COP) - Conference of the Parties
농림수산성(MAFF) - Ministry of Agriculture, Forestry and Fisheries
각의 - cabinet conference
자문기관 - advisory (consultative) organ (body)
대신관방 - Minister's Secretariat
각료 간담회 - ministerial conference
행정개혁 - administrative reform
수상관저 - Prime Minister's official residence
준비위원회 - preparatory committee
수도권 - the Metropolitan area
도쿄 빅 사이트 - Tokyo Big Sight (Tokyo International Exhibition Center)
도쿄도 - Tokyo Metropolitan Government
임해부도심 - Tokyo Waterfront City
토마코마이시 니시마치 하수처리센터 - Nishimachi Sewage Treatment Center,
　　　　　　　　　　　　　　　　Tomakomai City
후쿠오카시 서부 수처리센터 - Seibu Water Treatment Center, Fukuoka City
미국에너지성(DOE) - US Department Of Energy

[프로젝트 추진조직] (다른 법인 등에 포함되는 것을 제외)
연료전지·수소기술위원회 - Committee for Fuel Cell and Hydrogen Technologies
수소에너지협회(HESS) - Hydrogen Energy Systems Society of Japan
중앙전력협의회(CEPC) - The Central Electric Power Council
일본산업가스협회(JIGA) - Japan Industrial Gases Association
촉매학회(CATSJ) - Catalysis Society of Japan
사단법인 뉴글래스포럼 오사카연구실 - Osaka Laboratory, New Glass Forum
고압가스보안협회(KHK) - The High Pressure Gas Safety Institute of Japan
츄부TLO - Chubu Technology Licensing Office
연료전지개발정보센터(FCDIC) - Fuel Cell Development Information Center
연료전지실용화추진협의회(FCCJ) - Fuel Cell Commercialization Conference of Japan
용융탄산염형 연료전지 발전시스템 기술연구조합(MCFC연구조합) - Technology Research Association
for Molten Carbonate Fuel Cell Power Generation System(MCFC Research Association)
국제수소에너지협회(IAHE) - International Association for Hydrogen Energy
국제전기표준회의(IEC) - International Electrotechnical Commission
에너지연구기술위원회(IEA의 상설작업부회, CERT) - Committee on Energy Research & Technology

캐나다비영리업계단체 - Fuel Cells Canada
캘리포니아대기자원위원회(CARB) - California Air Resources Board
국제표준화기구(ISO) - International Organization for Standardization
미국자동차기술회(SAE) - Society of Automotive Engineers
중국기차기술연구센터(CATARC) - China Automotive Technology & Research Center
세계수소에너지회의(WHEC) - World Hydrogen Energy Conference
FC세미나(미국) - Fuel Cell Seminar
그로브심포지엄(영국) - Grove Fuel Cell Symposium

[특수법인, 독립행정법인, 재단법인, 사단법인, 대학, 연구소]
(재)에너지종합공학연구소(IAE) - The Institute of Applied Energy
(재)엘피가스진흥센터(LPGC) - Liquefied Petroleum Gas Center
(재)엔지니어링진흥협회(ENAA) - Engineering Advancement Association of Japan
(재)과학기술진흥회 - Foundation for Advancement of Science and Technology
(재)금속계재료연구개발센터(JRCM) - The Japan Research and Development Center for Metals
(재)건축환경·에너지절약기구(IBEC) - Institute for Building Environment and Energy Conservation
(재)산업창조연구소(IRI) - Institute of Research and Innovation
(재)신에너지재단(NEF) - New Energy Foundation
(재)석유산업활성화센터(PEC) - Petroleum Energy Center
(재)오사카과학기술센터(OSTEC) - Osaka Science and Technology Center
(재)지구환경산업기술연구기구(RITE) - Research Institute of Innovative Technology for the Earth
(재)철도종합기술연구소(RTRI) - Railway Technical Research Institute
(재)전력중앙연구소(CRIEPI) - Central Research Institute of Electric Power Industry
(재)일본가스기기검사협회(JIA) - Japan Gas Appliances Inspection Association
(재)일본파인세라믹센터(JFCC) - Japan Fine Ceramics Center
(재)일본자동차연구소(JARI) - Japan Automobile Research Institute
(재)일본전동차량협회(JEVA) - Japan Electric Vehicle Association
(사)응용물리학회(JSAP) - The Japan Society of Applied Physics
(사)일본화학공업협회(JCIA) - Japan Chemical Industry Association
(사)경제동우회 - Japan Association of Corporate Excutives (Keizai Doyukai)
(사)고분자학회(SPSJ) - The Society of Polymer Science, Japan
(사)자동차기술회(JSAE) - Society of Automotive Engineers of Japan
(사)저온공학협회 - Cryogenic Association of Japan
(사)전기화학회 - The Electrochemical Society of Japan
(사)전자정보기술산업협회(JEITA)
- Japan Electronics and Information Technology Industries Association
(사)전지공업회(BAJ) - Battery Association of Japan
(사)일본에너지학회(JIE) - The Japan Institute of Energy
(사)일본가스협회(JGA) - The Japan Gas Association
(사)일본화학회(CSJ) - The Chemical Society of Japan

(사)일본기계학회(JSMA) - The Japan Society of Mechanical Engineers
(사)일본경제단체연합회(일본경단연) - Nippon Keidanren
(사)일본전기공업회(JEMA) - The Japan Electrical Manufacturers' Association
(사)일본전기학회(IEEJ) - The Institute of Electrical Engineers of Japan
(사)일본전기협회(JEA) - Japan Electric Association
(특)일본원자력연구소(JAERI) - Japan Atomic Energy Research Institute
(특)일본상공회의소(JCCI) - The Japan Chamber of Commerce and Industry
(독)과학기술진흥기구(구, 과학기술진흥사업단)(JST) - Japan Science and Technology Agency
(독)해양연구개발기구(구, 해양과학기술센터)(JAMSTEC)
  - Japan Agency for Marine-Earth Science and Technology
(독)교통안전환경연구소(NTSEL) - National Traffic Safety and Environment Laboratory
(독)산업기술종합연구소(AIST)
- National Institute of Advanced Industrial Science and Technology
구, 물리공학공업기술연구소(NIMS) - National Institute for Material Science
에너지이용연구부문 - The Institution for Energy Utilization
시너지머티리얼연구센터 - Synergy Material Research Center
간사이센터(AIST Kansai) - Kansai Collaboration Center
(독)신에너지·산업기술 종합개발기구(NEDO)
  - New Energy and Industrial Technology Development Organization
(독)석유천연가스·금속광물자원기구(구, 석유공단)(JOGMEC)
  - Japan Oil, Gas and Metals National Corporation
(독)도시재생기구(UR)(구, 도시기반정비공단 : UDC)
  - Urban Renaissance Agency(←Urban Development Corporation)
(독)농업·생물계 특정산업기술연구기구(NARO)
  - National Agriculture and Bio-oriented Research Organization
(독)홋카이도개발토목연구소(CERI of Hokkaido)
  - Civil Engineering Research Institute of Hokkaido
오사카부립산업기술종합연구소(TRI Osaka)
  - Technology Research Institute of Osaka Prefecture
오사카시립공업연구소(OMTRI)
  - Osaka Municipal Technical Research Institute

[대학연구소]
오사카대학 접합과학연구소 - Joining and Welding Research Institute, Osaka University
가고시마대학 - Kagoshima University
기타사토대학 의료위성학부 - School of Allied Health Sciences, Kitasato University
기후대학 - Gifu University
교토대학 - Kyoto University
교토대학 화학연구소 - Institute for Chemical Research, Kyoto University
공학원대학 - Kogakuin University

고베상선대학 - Kobe University of Mercantile Marine
국련대학 - United Nations University
치바공업대학 - Chiba Institute of Technology
도쿄이과대학 - Tokyo University of Science
도시샤대학 - Doshisha University
토호쿠대학 금속재료연구소 - Institute for Material Research, Tohoku University
토호쿠대학 대학원 공학연구과 - Graduate School of Engineering, Tohoku University
토요하시기술과학대학 - Toyohashi University of Technology
도쿄도립대학 - Tokyo Metropolitan University
나가오카기술과학대학 - Nagaoka University of Technology
나고야공업대학 공학연구과 - Graduate School of Engineering, Nagoya Institute of Technology
나고야대학 공학연구과 - Graduate School of Engineering, Nagoya University
히메지공업대학 - Himeji Institute of Technology
히로시마대학 자연과학연구지원센터 - Natural Science Center for Basic Research and Development, Hiroshima University
야마나시대학 클린에너지센터 - Clean Energy Research Center, University of Yamanashi
통지대학(상하이) - Tongji University(Shanghai)

▣ 주

(1) 여기에 기재된 용어는 주로 이 책에서 사용한 용어와 연료전지 개발정보센터(FCDIC)에서 발행하는 The Latest Fuel Cell News in Japan 및 Fuel Cell Now에서 사용된 용어의 일부를 발췌한 것이다.

(2) 학회에서 공식적으로 인정된 표현은 아니므로 엄밀한 용어의 적용이 요구되는 법적 문서나 학회 보고 등에 사용할 경우는 각 전문기관에 확인하기 바란다.

(3) 기술용어 중에서는 다음과 같은 점도 주의해야 한다.
   ① 금속산화물의 명칭으로서 알루미나(Alumina), 지르코니아(Zirconia) 등의 표현이 자주 사용되고, 이 용어집 중에도 많이 사용되고 있으나 Aluminium Oxide, Zirconium Oxide 등이 올바른 표현이다.
   ② 동일한 것을 뜻하는 말이라도 기업이나 분야에 따라 표현이 다른 경우가 있다. 세퍼레이터(Separator)는 분야에 따라 바이폴러 플레이트(Bipolar Plate) 또는 인터커넥터(Interconnector)라 불리기도 한다.
   또한 일본에서는 고체고분자형 연료전지를 Polymer Electrolyte Fuel Cell(PEFC)이라 번역하지만, 미국 등에서는 Proton Exchange Membrane Fuel Cell(PEMFC)가 사용되고 있다. 따라서 일본어에서 영어로 번역할 때는 PEMFC를 사용하는 것이 적절하다.

(4) 프로젝트명의 경우, 국내 프로젝트의 정식 영어명칭, 국외 프로젝트의 정식 번역명칭이 존재하지 않는 것이 많으므로 예시는 참고이다.

(5) 법령의 명칭은 인터넷 검색과 영어사전을 참고한 것으로, 정식 명칭이 존재하는지는 불분명하다.

   명칭에 The가 붙은 경우와 붙지 않는 경우가 있다. 또한 '법률'이라는 용어의 번역으로 Law가 사용되는 경우와 Act가 사용되는 경우가 있다. 전기사업법에서는 the Electrical Enterprises Act라는 표현도 사용되고 있다.

(6) 위원회 등의 명칭은 영문의사록 등이 발행되어 있는 경우는 거기서 사용되는 명칭을 기재했다.

(7) 용어조사를 한 것은 다음의 멤버이다.
   유한회사 에프시테크 : 上松宏吉, 矢野目銃三, 安部成一, 桐澤豊彦, 小川雅典

찾아보기

수소연료전지 HANDBOOK

日本수소연료전지 핸드북 편집위원회 지음 | 남기석 옮김
4 · 6배판 | 976쪽 | 70,000원

저탄소 녹색성장의 대안인 수소 · 연료 전지의 기초부터 응용까지 수록한 기술 지침서!

이 책은 청정에너지로 주목받고 있는 연료 전지의 기본 개념과 기초 이론에서부터 핵심 부품 소재, 시스템 연계 기술에 이르기까지, 폭넓은 정보가 담겨 있을 뿐만 아니라 연료 전지의 이용 분야 소개 및 응용 분야에 대해 설명하고 있다. 따라서 연료 전지의 기본 개념에 대해 이해할 수 있을 뿐만 아니라 연료 전지 전반에 대한 지식을 습득할 수 있도록 한 서적이다.

생활 속의
녹색 전기 에너지 기술

김지호, 손진근, 이항범 지음 | 4 · 6배판 | 464쪽 | 23,000원

전기와 에너지, 에너지 절약 기술, 친환경 에너지 개발에 관한 모든 것을 담은 책!

이 책은 전기공학 전반에 대한 개념을 일반화하였으며, 특히 전기요금 체계의 이해에 의한 전기요금 절감 기법, 고효율 가전 전기기기의 핸들링 및 대기전력 차단 등에 의한 에너지 절약 기법, 에너지관리공단 및 한전 등에서 강한 드라이브로 추진되고 있는 신재생에너지와 최근의 이슈인 스마트그리드(smart grid)에 의한 에너지 절감 기법 등을 새롭게 다루는 데 주안점을 두었다.

풍력 에너지 기초

Ushiyama Izumi(牛山 泉) 지음 | 김필호 옮김
4 · 6배판 | 296쪽 | 23,000원

풍력 에너지에 관한 기초지식을 알기 쉽게 정리한 풍력발전 분야의 필독서!

이 책은 풍력에너지에 관한 기초지식을 전반에 걸쳐 알기 쉽게 정리하였으며, 풍차 설계의 실무에 종사하는 사람들이나 풍력발전의 설치나 발전 사업을 하는 입장의 사람들에게 다리 역할을 하는 것을 목표로 하고 있다. 바람, 풍력에너지, 풍차설계, 풍력발전, 풍력양수, 제어 등의 기술적인 측면뿐만 아니라 경제적 측면이나 환경면에서도 접근하고 있다.

풍력 에너지 독본

Ushiyama Izumi 지음 | 김필호 옮김
4 · 6배판 | 368쪽 | 23,000원

풍력 에너지 실용화 시대에 맞춘 풍력 에너지 이용 기술 개발을 위한 지침서!

이 책은 풍력발전의 역사적 전개과정부터 풍력발전의 역학적 원리, 나아가 풍력발전이 생태계 및 환경에 미치는 영향까지 다양하게 구성하여 풍력발전에 대한 보다 폭넓은 이해를 도왔다. 에너지 관련 분야의 전문고교생, 대학생, 대학원생을 비롯해 기업, 연구기관 등의 연구자, 기술자, 경영 · 관리 부문의 실무자, 나아가 자치제의 환경 · 에너지 관련 기획 · 정책 담당자 등 폭넓은 독자층을 두루 만족시킬 수 있을 것이다.

http://www.cyber.co.kr

121-838 서울시 마포구 양화로 127 첨단빌딩 5층(출판기획 R&D 센터) TEL: 02)3142-0036
413-120 경기도 파주시 문발로 112(제작 및 물류) TEL: 031) 955-0511
※본사의 사정에 따라 책표지와 정가는 변동될 수 있습니다.

국가기술자격 수험서는 41년 전통의 성안당 책이 좋습니다.

태양광 발전시스템 설계 및 시공

일본태양광발전협회 지음 | 김광호 옮김
4 · 6배판 252쪽 25,000원

태양광 발전시스템 설계 및 시공의 실용서!

「태양광 발전시스템 설계 및 시공」은 국내 태양광 발전시스템에 관한 기초적인 부분부터 전문적인 기술까지 기술한 책이다. 설계 및 시공, 파워컨디셔너, 태양전지 등 알아야 할 부분을 체계적으로 담고 있으며 부록에는 한국의 주요 일사량을 포함하여 이해를 돕고자 하였다.

태양광 · 풍력발전과 계통연계기술

카이 타카아키(甲斐 隆章), 후지모토 토시아키(藤本 敏朗) 지음
송승호 옮김 | 국배판(180 · 236) | 216 쪽 | 19,000원

태양광발전, 풍력발전 시스템의 원리와 구성에 대한 해설서!

이 책에서는 대표적인 신에너지인 태양광발전, 풍력발전을 중심으로 이들의 개요와 보급상황에 대해 해설하고 있다. 또, 태양광발전 시스템, 풍력발전 시스템의 원리와 구성 등에 대해 설명하고 더불어 태양광발전, 풍력발전 등 분산형 전원의 계통연계에 대한 보안 확보와 전력 품질 유지에 관한 민간 규정으로서 「계통연계규정 (JEAC 9701~2006)」을 소개하고 있다.

태양 에너지 이용기술

일본태양에너지학회 지음 | 김필호 옮김
150 · 210 | 264쪽 | 18,000원

태양 에너지의 전반적인 이해를 돕고 전망까지 예측하는 지침서!

이 책은 1~9장으로 구성되어 있으며, 제1장은 태양에너지 이용의 역사와 지구환경문제, 제2장은 일사 · 기상의 기초, 제3장은 태양광 발전의 구조, 제4장은 태양열의 이용기술, 제5장은 건축과 주거환경, 제6장은 바이오매스 에너지, 제7장은 광기능 재료의 이용, 제8장은 풍력 에너지, 제9장은 태양 에너지 이용의 장래전망 등을 해설하고 있다.

태양광 발전 시스템
지붕 위 설치 안전대책 포인트

(사)일본건축판금협회, (사)전일본기와공업연맹 공저
장호정, 윤종원, 강원호 옮김 | 150 · 210 | 136쪽 | 15,000원

태양전지 시스템의 설계조건과 설치방법을 설명한 해설서!

이 책은 지구환경에 악영향을 끼치지 않는 태양광 발전 시스템을 널리 주택에 보급하는 것을 목적으로 하고 있다. 주택 전문가들이 모여서 소중한 주택에 영향을 주지 않는 설치방법이나 주의점을 태양전지를 구입하는 분이나 판매하는 분, 시공하는 분, 태양전지 생산 관계자 등을 대상으로 쉽게 해설하고 있다.

http://www.cyber.co.kr

출판기획 R&D 센터 | TEL : 02)3142-0036
제작 및 물류 | TEL : 031) 955-0511
121-838 서울시 마포구 양화로 127 첨단빌딩 5층(출판기획 R&D 센터)
413-120 경기도 파주시 문발로 112(제작 및 물류)
※본사의 사정에 따라 책표지와 정가는 변동될 수 있습니다.

〈감수자 약력〉

本間 琢也(혼마 타쿠야)

1957년 3월 교토대학 대학원 공학연구과(응용물리학) 석사과정 수료
1958년 4월 공업기술원 전기시험소(현, 산업기술종합연구소) 입소
1970년 공업기술원 전기시험소 에너지변환연구실장
1979년 12월 츠쿠바대학 교수(구조공학계)
1993년 7월 신에너지·산업기술종합개발기구(NEDO) 이사, 츠쿠바대학 명예교수
1995년 7월 연료전지개발정보센터(FCDIC) 고문
1996년 4월 연료전지개발정보센터(FCDIC) 사무국장
1997년 7월 연료전지개발정보센터(FCDIC) 상임이사
학위 : 공학박사(교토대학)
전문 : 에너지공학, 신에너지 이용 기술개발
저서 : 에너지를 잡자(講談社), 에너지공학 총론(Ohm社), 자연에너지(共立出版),
　　　지구환경공학 핸드북(Ohm社) 외 다수
에너지변환간화회 회장 등 정부·학회 위원 역임. 논문, 리뷰, 강연 등 다수

〈저자 약력〉

上松 宏吉(우에마츠 히로요시)

1962년 3월 호세이대학 공학부 경영공학과 졸업
1962년 4월 이시카와지마하리마중공업 주식회사 입사
　　　　　　연구개발기획, LNG냉열발전시스템의 개발
　　　　　　석탄가스화 복합발전시스템 및 석탄가스화로의 개발
　　　　　　용융탄산염형 연료전지 발전시스템의 개발(연료전지 프로젝트 부장)
2000년 3월 이시카와지마하리마중공업 주식회사 퇴사
2000년 7월 마루베니 주식회사 국내전력부(테크니컬 코디네이터)
2001년 6월 유한회사 에프시테크 대표이사
　　　　　　마루베니 주식회사 신에너지전력부(테크니컬 코디네이터)

연료전지
발전시스템과 열 계산

원제 | 燃料電池発電システムと熱計算

2014. 7. 21. 초 판 1쇄 인쇄
2014. 7. 28. 초 판 1쇄 발행

감　수 | FCDIC 혼마 타쿠야(本間 琢也)
지은이 | 우에마츠 히로요시(上松 宏吉)
옮긴이 | 남기석, 김필
펴낸이 | 이종춘
펴낸곳 | BM 성안당
주소 | 121-838 서울시 마포구 양화로 127 첨단빌딩 5층(출판기획 R&D 센터)
　　　413-120 경기도 파주시 문발로 112(제작 및 물류)
전화 | 02) 3142-0036
　　　031) 955-0511
팩스 | 031) 955-0510
등록 | 1973.2.1 제13-12호
출판사 홈페이지 | www.cyber.co.kr
ISBN | 978-89-315-2480-2 (13570)
정가 | 18,000원

이 책을 만든 사람들
진행 | 박경희
교정·교열 | 김지숙
전산편집 | 김인환
표지 | 임형준
홍보 | 전지혜
마케팅 | 구본철, 차정욱, 나진호, 강호묵
제작 | 김유석

본 교재는 지식경제부 출연금으로 수행한 연료전지 소재 및 시스템 고급 트랙 인력양성 사업의 연구결과입니다.